TASCHENFÜHRER

SÄUGETIERE

SÜDLICHES AFRIKA

CHRIS & MATHILDE STUART

Struik Nature
(Eine Geschäftsabteilung von Penguin Random House (Pty) Ltd)
The Estuaries Nr 4, Oxbow Crescent, Century Avenue, Century City, 8001 Südafrika
POBox 1144, Kapstadt, 8000 Südafrika

Register Nr. 1953/000441/07

www. penguinrandomhouse.co.za

Erstausgabe 2011

3 5 7 9 10 8 6 4

Programmleitung: Pippa Parker
Projektbetreuung: Helen de Villiers
Redaktion: Colette Alves
Gestaltung: Janice Evans
DTP-Design: Jennifer Addington; Tessa Fortuin
Lektorat: Angelika Flegg

Reproduktion: Hirt & Carter Cape (Pty) Ltd
Druck und Einband: Times Offset (M) Sdn Bhd

ISBN 978 1 77007 887 1

Auch erhältlich:
Englische Ausgabe: *Pocket Guide: Mammals of Southern Africa* 978 1 77007 861 1
Afrikaanse Ausgabe: *Sakgids: Soogdiere van Suider-Afrika* 978 1 77007 886 4

Umschlag vorne: Löwe
Umschlag hinten, von oben nach unten: Giraffe, Streifen auf dem Zebrafell, Damaradikdik, Spießbock
Titelbild: Giraffe
Gegenüber: Warzenschwein

INHALT

EINLEITUNG

Das südliche Afrika besitzt über 350 Säugetierarten, eine Vielfalt von Lebensräumen und beeindruckende Naturschönheiten. Es beinhaltet sowohl die älteste Wüste der Welt, die Namib, als auch das Okavangodelta, das größte Binnendelta der Erde. Zwei große Meere umspülen seine Küsten, der Atlantik im Westen und der Indische Ozean im Süden und Osten. Das Gebiet weist auch majestätische Bergketten auf, wie die Drakensberge und den Soutpansberg; wichtige Flüsse schließen den Limpopo, Sambesi, Kunene und Oranje (Gariep) ein. Und hier liegen auch die weitläufigen Trockengebiete der Kalahari, der Großen Karoo und des Namaqualandes.

Politisch besteht das südliche Afrika aus **Südafrika, Namibia, Botsuana, Simbabwe, Mosambik, Swasiland** und **Lesotho.** In Swasiland wurden wildlebende Tiere stark dezimiert. In Lesotho bleiben nur kleine Bestände übrig.

Die Vegetationskarte (Seite 6) ist stark vereinfacht, zeigt aber sieben der wichtigsten Vegetationszonen der Region. Die Bevölkerungszahlen in Botsuana und Namibia sind relativ niedrig und es existieren noch weite Gebiete mit unverändertem Habitat. Bewaffnete Konflikte in Mosambik und Unruhen in Simbabwe haben zu einer beträchtlichen Abnahme der Zahlen wilder Säugetiere geführt. Kürzliche Verbesserungen des Naturschutzes in Mosambik ließen die Zahlen von Antilopen und anderem Wild in diesem Land wieder ansteigen. Der Subkontinent besitzt ein ausgeprägtes Netz von Nationalparks, Wildreservaten und privaten Wildfarmen, diese weisen eine Vielfalt von Habitaten und Tierarten auf. Im Allgemeinen haben die Länder des südlichen Afrika einen guten Ruf in Sachen Naturschutz, einige Teile zeigen allerdings einen Rückgang in Motivation und Finanzmitteln und einen Mangel an gut ausgebildetem Personal.

Dieses Buch konzentriert sich auf die größeren, öfter gesehenen Tierarten, schließt allerdings auch einige ungewöhnliche Arten ein, wie das Schuppentier, Erdferkel und Stachelschwein, und Vertreter der verschiedenen Fledermaus-, Spitzmaus-, Rüsselspringer- und kleinen Nagetierfamilien. Obwohl sie nicht oft gesehen werden, sind sie doch genauso interessant und divers wie die größeren Arten.

Ursprünglich kommt das Streifengnu im Norden und Nordosten der Region vor.

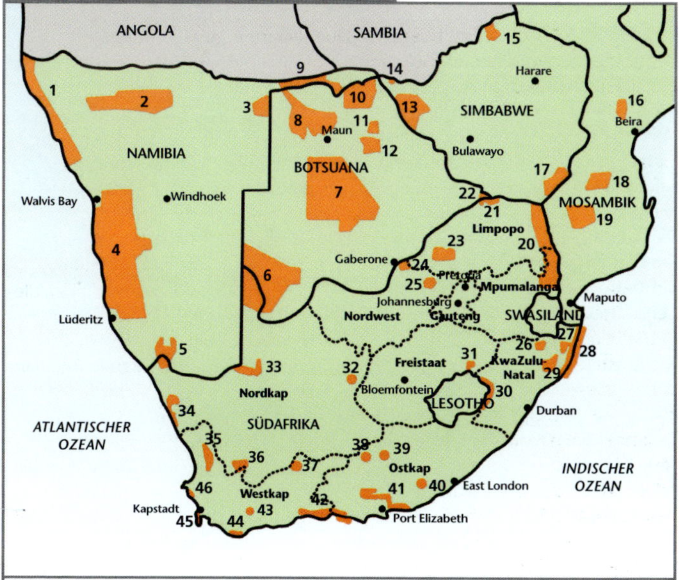

1 Skeleton-Coast-Park
2 Etosha-Nationalpark
3 Khaudom-Wildreservat
4 Namib-Naukluft-Park
5 Ais-Ais/Richtersveld-Transfrontier-Nationalpark
6 Kgalagadi-Transfrontier-Nationalpark
7 Central-Kalahari-Wildreservat
8 Okavangodelta & Moremi-Wildreservat
9 Bwabwata-Nationalpark
10 Chobe-Nationalpark
11 Nxai-Pan-Nationalpark
12 Makgadikadi Pans Nature Reserve
13 Hwange-Nationalpark
14 Sambesi-Nationalpark
15 Mana-Pools-Nationalpark
16 Gorongoza-Nationalpark
17 Gonarezhou-Nationalpark
18 Zinave-Nationalpark
19 Banhine-Nationalpark
20 Krüger-Nationalpark
21 Mapungubwe-Nationalpark
22 Tuli-Komplex
23 Marakele-Nationalpark
24 Madikwe-Wildreservat
25 Pilanesberg-Wildreservat
26 Ithala-Wildreservat
27 uMkhuze-Wildreservat
28 iSimangaliso Wetland Park
29 Hluhluwe-Imfolozi-Wildreservat
30 uKhahlamba Wilderness Complex
31 Golden-Gate-Highlands-Nationalpark
32 Mokala-Nationalpark
33 Augrabies-Nationalpark
34 Namaqua-Nationalpark
35 Cedarberg Wilderness Area
36 Tankwa-Nationalpark
37 Karoo-Nationalpark
38 Camdeboo-Nationalpark
39 Mountain-Zebra-Nationalpark
40 Great Fish River Conservation Area
41 Greater-Addo-Elephant-Nationalpark
42 Garden-Route-Nationalpark
43 Bontebok-Nationalpark
44 Agulhas-Nationalpark
45 Table-Mountain-Nationalpark
46 West-Coast-Nationalpark

VEGETATIONSZONEN

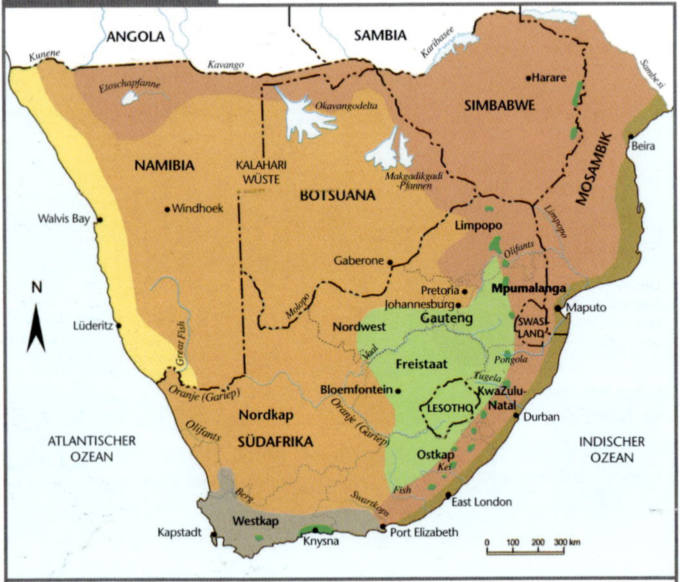

- Halbwüste
- Wüste
- Kap-Fynbos
- Baumsavanne
- Grassavanne
- Bergwald
- Küstenwald

Halbwüste

Die Niederschlagsmenge in Halbwüsten ist höher als in echten Wüsten, aber selten mehr als 500 mm pro Jahr. Felsige Ebenen, niedriges Hartlaubgestrüpp und Sukkulenten im Süden; sandiger Boden mit niedrigen Büschen und Bäumen und gutem Grasbestand im Norden.

Wüste

Hier fällt sehr wenig Regen (unter 100 mm im Jahr) und der Pflanzenwuchs ist sehr spärlich. Weite Strecken können aus Sanddünen oder Geröllebenen ohne jeden Pflanzenwuchs bestehen.

Kap-Fynbos

Dieses Biom ist auf das West- und Ostkap Südafrikas beschränkt. Außerordentliche Artenvielfalt liegt vor, immergrüne Büsche und Sträucher herrschen vor.

Baumsavanne

Diese Zone besteht aus Mopanewäldern, Dorngestrüpp (-dickicht) und im Osten aus dichteren, trockenkahlen Wäldern. Grasbestand kann spärlich oder dicht sein.

Grassavanne

Dieses Biotop besteht aus gemischten Grasebenen; Büsche und Bäume sind fast nur auf Flussläufe und Hügel beschränkt.

Bergwald

Dieser Vegetationstyp kommt nur in höheren Lagen vor und ist auf kleine, weit verstreute Waldstücke beschränkt.

Küstenwald

Diesen Waldtyp gibt es nur im Tiefland der Küstenebenen im Osten der Region.

HINWEISE ZUR BENUTZUNG DES BUCHES

Der Text beschreibt nicht nur die größeren, offensichtlicheren Säugetiere des südlichen Afrikas, sondern auch einige seltene, aber charakteristische Arten. Dies macht eine schnelle und sichere Bestimmung möglich.

NAGETIERE

1 **SÜDAFRIKANISCHES STACHELSCHWEIN** *Hystrix africaeaustralis*

Afrikaans: *Ystervark* **Englisch:** *Cape (southern) porcupine* **Französisch:** *Porc-épic du Cap*

2 **Kennzeichen** Groß; lange, schwarzweiß gestreifte Stacheln. Flanken, Hals, Kopf und Unterseite mit dunklen groben Haaren bedeckt. Lange, grobe, aufstellbare Haare bilden Kamm vom Scheitel bis zu den Schultern. Bei Gefahr stellt das Tier Kamm und Stacheln auf. Ohren klein und rund, Augen klein.

3 **Ähnlich** Südafrikanischer Igel: viel kleiner, kürzere Stacheln, rollt sich zusammen.

4 **Lebensraum** Bevorzugt felsige, zerklüftete Gebiete, kommt aber in fast allen Habitaten vor.

5 **Verhalten** Ausschließlich nachtaktiv, verbringt Tag in Erdlöchern (selbst gegraben oder von anderen Tieren übernommen), Felsspalten, Höhlen und sogar in dichter Vegetation. Vor regelmäßig verwendeten Bauen findet man alte Knochen, die gekaut werden, um Schneidezähne abzuschleifen und Kalzium zu aufzunehmen. Auch Pfade werden regelmäßig benützt, man findet Grabspuren, abgefallene Stacheln und zigarrenförmigen Kot. Etliche Stachelschweine können einen Bau teilen, gehen aber einzeln auf Nahrungssuche. Sie sind monogam.

Nahrung Wurzeln, Zwiebeln, Knollen und Baumrinde; frisst auch wilde Früchte und angepflanzte Feldfrüchte.

Fortpflanzung 1-4 (meist 1-2) gut entwickelte Junge, Geburtsgewicht 100-300 g (selten bis zu 450 g), Tragzeit etwa 94 Tage. Stacheln werden in zweiter Lebenswoche hart. In manchen Gebieten Geburten ganzjährig in anderen saisonal. Weibchen hat 2 zur Seite stehende, thorakale Zitzenpaare. 6

Lebensdauer In Gefangenschaft mindestens 20 Jahre; wildlebend 12-15 Jahre.

Laute Bei Gefahr rasselt es mit hohlen Schwanzstacheln und stampft mit Hinterbeinen auf; sanftes Grunzen und Schnauben beim Treffen mit anderen. 7

Vorkommen Kommt nur in der Namibwüste nicht vor, in fast allen Schutzgebieten der Region präsent. 8

Maße
Gewicht: 10–24 kg
Schulterhöhe: 25 cm (> 45 cm mit aufgerichteten Stacheln)
Gesamtlänge: 75 cm–1 m
Schwanzlänge: 10–15 cm (ohne Stacheln)

rechts vorne 38 mm ohne Krallen
rechts hinten 38 mm ohne Krallen

105

9 10 11

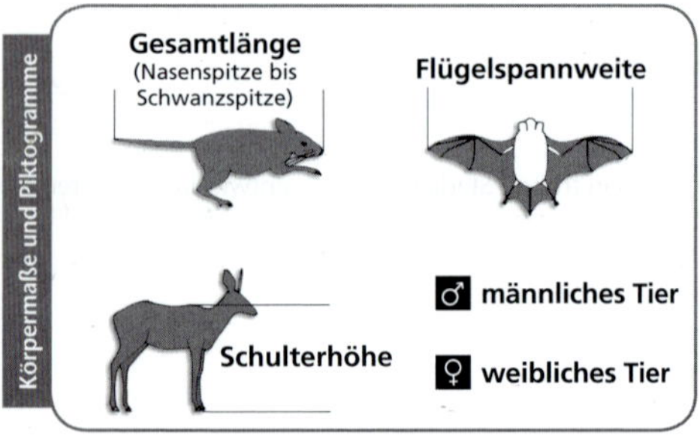

❶ **Name:** Deutsche und wissenschaftliche Tiernamen sind angegeben, zusätzlich auch die Namen auf Afrikaans, Englisch und Französisch.
❷ **Kennzeichen:** Eine Zusammenfassung der Hauptmerkmale dieser Tierart.
❸ **Ähnlich:** Arten, mit denen das Tier in der Gegend verwechselt werden könnte, werden hier angeführt.
❹ **Lebensraum:** Beschreibt den Vegetationstyp, in dem das Tier lebt, oft eine wichtige Hilfe zur Bestimmung, vor allem zusammen mit der Verbreitungskarte.
❺ **Verhalten, Nahrung und Fortpflanzung:** Auch diese Angaben sind nicht nur interessant, sondern zusätzliche Bestimmungshilfen. Ist ein Tier ausdrücklich ein Einzelgänger, und Sie glauben, es in einer Herde gesehen zu haben, lesen Sie bitte den Text zum Verhalten, um eine Alternative zu finden.
❻ **Lebensdauer:** gibt an, wie alt eine Tierart werden kann.
❼ **Laute:** Die häufigsten Kommunikationsrufe und –laute werden hier aufgeführt.
❽ **Vorkommen:** Die größeren Parks und Schutzgebiete, in denen die Art vorkommt, sind aufgelistet, der Status und, wenn bekannt, die Anzahl.
❾ **Maße:** Unterscheiden sie sich maßgeblich, werden sie für männliche und weibliche Tiere getrennt aufgeführt. Angaben sind entweder Streuungs- oder Mittelwerte, weite Variationen sind möglich. Hier finden Sie auch Umrisszeichnungen der Art im Größenvergleich zu einer menschlichen Figur, einem Arm oder einer Hand. Für Jagdtrophäen werden Rowland Ward Rekordmaße für Südafrika angegeben, in manchen Fällen gelten die Rekorde für Ostafrika oder Gesamtafrika. Diese Rekorde ändern sich laufend.
❿ **Spuren:** Illustrationen eines typischen Fußabdrucks (wo vorhanden) sind nicht nur interessant sondern dienen als Bestimmungshilfe, ebenso wie die Fotos von Kot, die am Ende des Buches gezeigt werden.
⓫ **Karten:** Zeigen jetzige (rot) und ehemalige (hellrot) Verbreitung der Tierart; Konzentrationen der Meeressäugetiere sind dunkelblau markiert (S. 130-134).

NOTIZ

ERFOLGREICHE TIERBEOBACHTUNG

Um Säugetiere im Süden Afrikas gut beobachten zu können, brauchen Sie ein Fernglas. Versuchen Sie zuerst, das Tier einer Gruppe zuzuordnen – ist es eine Katze, ein Hund oder eine Antilope? Wenn möglich, schätzen Sie die Höhe an der Schulter, oder das Verhältnis zwischen Gesamtlänge und Schwanzlänge – ist der Schwanz gleich lang wie Kopf und Rumpf, oder kürzer? Gibt es besondere Merkmale, wie einen buschigen Schwanz, Flecken, Streifen oder besonders lange Ohren? Bei Antilopen beachten Sie die Form der Hörner, und ob sie glatt, stark oder nur teilweise gerillt sind. Manche Jungtiere können Erwachsenen einer anderen Art sehr ähnlich sehen, vor allem in frühen Stadien der Hornentwicklung. Achten Sie auch auf Verhaltensweisen und andere Besonderheiten. War das Tier allein oder in einer Gruppe? War es auf einem Baum? Hat es sich in einem Bau versteckt?

Spuren oder Fußabdrücke sind wichtig und am besten in Schlamm oder feinem Sand sichtbar. Sie können Aktivitäten eines Tieres erklären, auch wenn es selbst gar nicht gesehen wurde. Genauso aufschlussreich kann der Kot des Tieres sein – wir verweisen auf die Kotbestimmungsfotos am Ende des Buches.

STEPPENGALAGO *Galago moholi*

Afrikaans: *Nagapie* **Englisch:** *Southern lesser galago (bushbaby)* **Französisch:** *Galago mignon*

Kennzeichen Klein, mit langem, gut behaartem Schwanz. Große, bewegliche, dünne Ohren; große, nach vorne weisende Augen. Unter dem Kinn weiß, ein hellerer Streifen läuft von den Augen zum kurzen, zugespitzten Maul. Das Fell ist weich, wollig, grau bis graubraun, an der Unterseite heller (manchmal orangebraun getönt).
Ähnlich Viel kleiner als Riesengalago. Grant-Galago *(Galagoides granti),* das in Mosambik vorkommt, ist etwas größer mit braunerem Fell.
Lebensraum Kommt in Baumsavannen vor, vor allem, wo Akazienbäume wachsen. Dringt auch entlang bewaldeter Flussbetten in offenere Gebiete vor.
Verhalten Nur nachtaktiv, lebt meist in Bäumen, kommt gelegentlich zur Nahrungssuche auf den Boden. Lebt in Familiengruppen (2–8 Tiere). Etliche Weibchen bleiben tagsüber zusammen in einem Blätternest oder Baumloch. Abends kommen sie einzeln zum Fressen heraus, die Gruppe bleibt mit Plapperlauten in Kontakt. Alle Gruppenmitglieder verteidigen ihr Revier von ca. 3 ha, sie markieren es, indem sie auf Handflächen und Fußsohlen urinieren. Obwohl klein, können sie sehr weit springen.
Nahrung Baumharz, einige wilde Früchte, Insekten und andere Wirbellose, manchmal auch Eidechsen, kleine Vögel und deren Eier. Nahrung unterschiedlich, je nach Gegend und Jahreszeit.
Fortpflanzung 1–2 gut entwickelte Junge, die 9–12 g wiegen, werden nach einer Tragezeit von 120 Tagen geboren. Geburten gehäuft im Früh- und Spätsommer. Weibchen hat 1 thorakales und 1 inguinales Zitzenpaar.
Lebensdauer In Gefangenschaft 14 Jahre.
Laute Sehr gesprächig. Ein „tschek-tschek" Ruf, Krächzen, Zwitschern und Grunzen sind häufig. Als Alarmruf hohes Pfeifen.
Vorkommen Krüger, Marakele, Madikwe (Südafrika); Etosha, Caprivi, Khaudom (Namibia); Okavango, Moremi, Chobe, Tuli/Mashatu (Botsuana); Hwange, Mana Pools, Gonarezhou (Simbabwe).

Maße
Gewicht: 120–210 g
Gesamtlänge: 30–40 cm
Schwanzlänge: 20–25 cm

rechts hinten

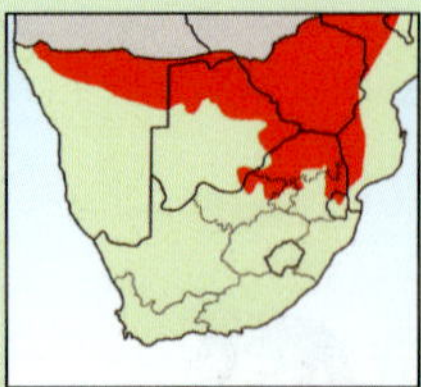

RIESENGALAGO

Otolemur crassicaudatus

Afrikaans: *Bosnagaap* **Englisch:** *Thick-tailed (Greater) galago* **Französisch:** *Galago à queue épaisse*

Kennzeichen Das größte unter den Galagos, mit großen, dünnen Ohren und großen, nach vorne weisenden Augen. Fell ist weich und dicht, grau bis graubraun, Bauch heller. Schwanz buschig mit langen Haaren. Bewegt sich auch oft am Boden, dabei Steiß deutlich höher als Schultern und langer Schwanz aufrecht.
Ähnlich Steppengalago und Grant-Galago *(Galagoides granti)*: beide viel kleiner.
Lebensraum Trockene Baumsavanne, auch Bergnebelwälder (Soutpansberg).
Verhalten Nur nachtaktiv, verbringt die Tage in selbstgebauten Nestern oder in dichter Vegetation. Ruhen in Gruppen von 2–6 Individuen, gehen aber alleine auf Nahrungssuche. Ein Wohngebiet beinhaltet mehrere Tagesruhestätten. Gruppen bestehen meist aus weiblichen Tieren und deren Jungen, Männchen leben in angrenzenden oder sich überschneidenden Wohngebieten. Jede Gruppe sucht Nahrung innerhalb ihres Wohngebietes, welches sie mit Urin und Sekret aus einer Drüse an der Brust markieren. In passendem Habitat können sie sehr zahlreich sein. Verbringt mehr Zeit am Boden als Steppengalago.
Nahrung Hauptsächlich wilde Früchte und Baumharz (vor allem von Akazien), aber auch Insekten, andere Wirbellose und manchmal Vögel und Reptilien.
Fortpflanzung Normalerweise 2 (sehr selten 3) Junge, die 50–70 g wiegen, Tragezeit etwa 130 Tage. Geburten finden direkt vor der Regenzeit von August bis November statt. Weibchen hat 1 thorakales und 1 inguinales Zitzenpaar.
Lebensdauer Bis zu 14 Jahre.
Laute Einer der charakteristischsten nächtlichen Rufe in Afrika: lauter, krächzender Schrei, oft wiederholt. Wird mit dem Schreien eines menschlichen Säuglings verglichen.
Vorkommen Nur im Osten; Krüger, Mapungubwe, Ndumo, uMkhuze, Hluhluwe-Imfolozi (Südafrika); Mana Pools, Gonarezhou (Simbabwe); Banhine, Gorongoza, Niasa (Mosambik).

Maße
Gewicht: 1–1.5 kg
Gesamtlänge: 70–80 cm
Schwanzlänge: 35–45 cm

rechts
hinten

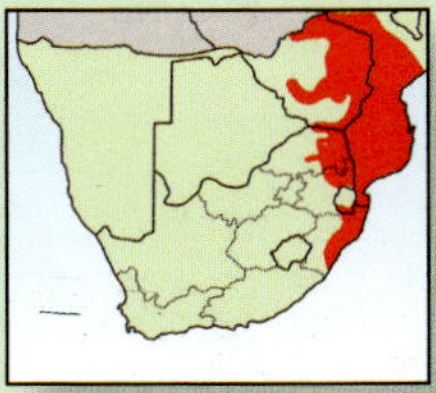

STEPPENPAVIAN

Papio (hamadryas) cynocephalus

Afrikaans: *Savannebobbejaan* **Englisch:** *Savanna baboon* **Französisch:** *Babouin cynocéphale*

Kennzeichen Größtes Herrentier der Region, relativ schlank mit langen Gliedmaßen. Gebrochen wirkender, umgekehrt U-förmiger Schwanz ist charakteristisch. Längliche, hundeähnliche Schnauze im männlichen Tier besonders ausgeprägt. Haarfarbe und -länge unterschiedlich, Tiere im Süden eher dunkelgrau mit langem, zottigem Fell; im Norden mehr graubraun und kürzer. Haare am Hand- und Fußrücken sind kurz und dunkelbraun bis schwarz.
Ähnlich Grün- und Weißkehlmeerkatze.
Lebensraum Baumsavanne, Berg- und Hügelland.
Verhalten Tagaktiv, zieht sich für die Nacht auf sichere Schlafplätze zurück. Sehr gesellig, lebt in Trupps von 15–100 Tieren. Männchen über 5 Jahre dominieren über Weibchen, es besteht eine strikte Rangordnung. Nur ranghohe Männchen paaren sich mit empfängnisbereiten Weibchen. Das ranghöchste männliche Tier bestimmt die Bewegung des Trupps, und wann und wo gerastet wird. Weibchen und Junge halten sich in der Nähe dieses Tieres auf; nicht fortpflanzungsfähige Weibchen halten sich in der Nähe rangtieferer Männchen auf. Halbwüchsige leben am Rande des Trupps.
Nahrung Ein wahrer Allesfresser, verzehrt viele verschiedene Pflanzen, teile und Tierprotein. Vor allem erwachsene Männchen jagen aktiv; Beute schließt junge Antilopen, Hasen und Vögel ein. Gräbt Wurzeln, Zwiebeln und Insekten aus.
Fortpflanzung Ein Junges mit rosa Gesicht wird nach 180 Tagen Tragezeit geboren und wiegt etwa 1–1.5 kg. In den ersten Lebenswochen klammert es sich an das Brustfell der Mutter; später reitet es auf ihrem Rücken. Geburten finden das ganze Jahr hindurch statt. Weiblicher Pavian hat 1 Paar Brustwarzen.
Lebensdauer Mindestens 30 Jahre.
Laute Weit schallendes Bellen („bochum"), Grunzen, Quietschen und Schreien.
Vorkommen In vielen Schutzgebieten und außerhalb.

Maße
Gewicht: ♂ 25–45 kg; ♀ 12–28 kg
Schulterhöhe: 40–75 cm
Gesamtlänge: ♂ 1.2–1.8 m; ♀ 1–1.2 m
Schwanzlänge: 60–85 cm

rechte Hand

rechter Fuß

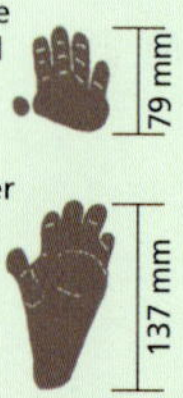

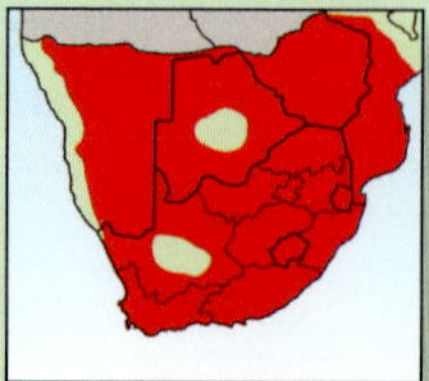

SÜDLICHE GRÜNMEERKATZE *Cercopithecus pygerythrus*

Afrikaans: *Blouaap* **Englisch:** *Vervet monkey* **Französisch:** *Singe vert*

Kennzeichen Typische Affenerscheinung, langer Schwanz und schwarzes Gesicht mit weißem Stirnstreifen. Fell grau meliert, manchmal mit gelblichgrüner Tönung. Bauch heller bis weiß, Oberseite der Hände und Füße dunkler bis schwarz, in manchen Populationen heller. Der Hodensack des Männchens ist hellblau. 6 Rassen werden in der Region anerkannt (allerdings zweifelhaft).
Ähnlich Weißkehlmeerkatze: viel dunkler und eher in Bäumen.
Lebensraum Savanne und Galeriewald, seit Kurzem auch in der Großen Karoo; in Küstendickicht.
Verhalten Tagaktiv. Verbringt viel Zeit auf Nahrungssuche am Boden, frisst aber auch in Bäumen und schläft dort. Man sieht Trupps von 20 Tieren oder mehr. Jede Gruppe hat eine klare Rangordnung, die strikt eingehalten wird. Gruppen bestehen aus mehreren männlichen und weiblichen Tieren, zwischen denen wenig Konflikt besteht. Ein gut abgegrenztes Wohngebiet wird gegen eindringende Gruppen verteidigt.
Nahrung Viele verschiedene Früchte, Blumen, Blätter, Körner und Akazienharz, auch Insekten und kleine Wirbeltiere. Stiehlt Eier und Vogeljunge aus Nestern.
Fortpflanzung Ein Junges, im Durchschnitt 350 g schwer, wird nach einer Tragezeit von etwa 165 Tagen geboren. Neugeborene haben ein rosa Gesicht. Geburten finden das ganze Jahr hindurch statt, im Sommer sind sie manchmal häufiger. 1 Paar Brustwarzen.
Lebensdauer In Gefangenschaft bis zu 31 Jahre; etwa 12 Jahre in freier Natur.
Laute Ruhige hustende und gurgelnde Kommunikationslaute innerhalb der Truppe; hartes Schnattern und wiederholtes scharfes Bellen wenn bedroht oder im Grenzkonflikt mit einer anderen Gruppe.
Vorkommen Häufig, oft in der Nähe menschlicher Behausungen.

Maße
Gewicht: ♂ 4–8 kg; ♀ 3.5–5 kg
Gesamtlänge: ♂ 1–1.3 m; ♀ 95 cm–1.1 m
Schwanzlänge: ♂ 60–75 cm; ♀ 48–65 cm

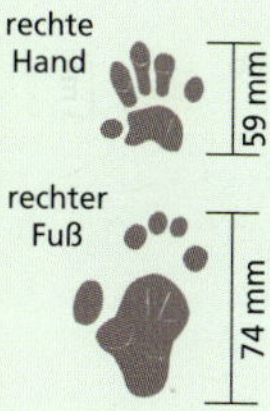

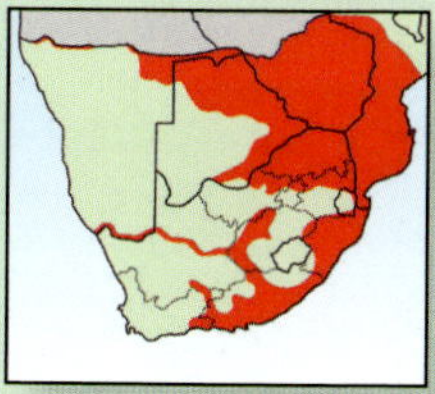

WEISSKEHLMEERKATZE

Cercopithecus albogularis

Afrikaans: *Samango-aap* **Englisch:** *Sykes's (Samango) monkey* **Französisch:** *Cercopithèque de Sykes*

Kennzeichen Typisch affenartig. Fell graubraun meliert, an der Schwanzwurzel dunkelbraun. Beine, Schultern und letzte zwei Drittel des Schwanzes schwarz. Lange Haare auf den Wangen, Kinn weiß und Unterseite schmutzig weiß bis hellgrau. Zwei Unterarten werden in der Region anerkannt: *C.a.erythrarchus*, mit schwarzem Schwanz und orange-roten Flecken am Gesäß und um den After, kommt vom nördlichen KwaZulu-Natal dem Steilabbruch entlang bis zum Soutpansberg und in Mosambik vor; *C.a.labiatus* hat keine roten Flecken, das erste Drittel des Schwanzes ist heller, er kommt im Ostkap vor und nach Norden bis zu den KwaZulu-Natal Midlands.
Ähnlich Südliche Grünmeerkatze: blass grau meliert mit schwarzem Gesicht.
Lebensraum Hochwald, Waldränder und Galeriewald; lebt in allen Höhenlagen.
Verhalten Hauptsächlich auf Bäumen, kommt aber auf den Boden zur Nahrungssuche und um Lichtungen zu überqueren. Rastet in den heißesten Stunden im Schatten, sonnt sich an kühlen Morgen auf Bäumen. Bildet Gruppen von bis zu 40 Tieren, meistens kleiner. Ein einzelnes erwachsenes Männchen kontrolliert die Gruppe, er vertreibt andere Männchen. Das Revier wird von den weiblichen Tieren verteidigt, oft sehr aggressiv, kann tödlich enden.
Nahrung Viele verschiedene Pflanzen, Früchte, Blumen, Blätter, Harz und Samen.
Fortpflanzung Ein Junges wird nach 120–140 Tagen Tragezeit meistens im Sommer geboren und wiegt etwa 400 g. Das Weibchen hat 1 Paar Brustwarzen.
Lebensdauer 20 Jahre oder mehr.
Laute Weitreichender Ruf des Männchens: „dschäck" oder „pieau".
Vorkommen Isimangaliso, Hluhluwe-Imfolozi, Ndumo, uMkhuze, Ithala, Krüger, Wolkberg, Soutpansberg (Südafrika). Kommt isoliert stellenweise im Osten der Region vor, in manchen Gebieten sind die Zahlen rückgängig.

Maße
Gewicht: ♂ 8–10 kg; ♀ 4–5 kg
Gesamtlänge: ♂ 1.4 m; ♀ 1.2 m
Schwanzlänge: ♂ 80 cm; ♀ 70 cm

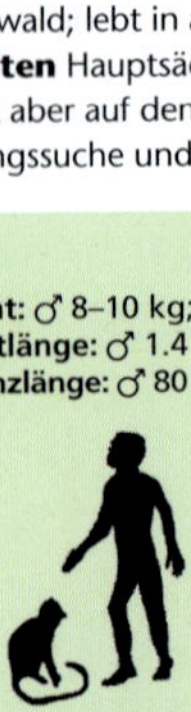

rechts vorne

rechts hinten

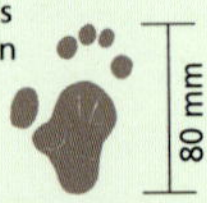

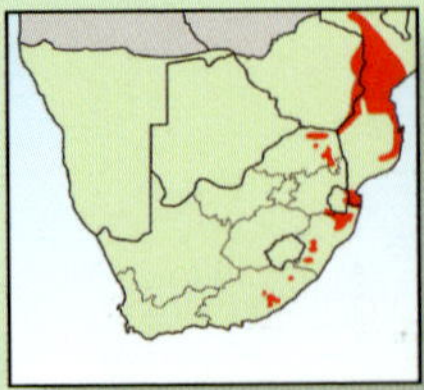

STEPPENZEBRA

Equus quagga

Afrikaans: *Vlaktesebra* **Englisch:** *Plains zebra* **Französisch:** *Zèbre des plaines*

Kennzeichen Stämmiges, ponyähnliches Wildpferd mit schwarzen und weißen Streifen, die sich bis auf den Bauch erstrecken. Wenige oder gar keine Streifen an den Beinen unten. Meistens hellbraune oder graubraune „Schattenstreifen" in den weißen Streifen, können diese auch fehlen. Die Mähne steht aufrecht (die Haarbüschel sind abwechselnd schwarz und weiß, passend zu den Halsstreifen). Ohren eher kurz, Schwanz hat kurze Haare an der Wurzel und längere zur Spitze hin.

Ähnlich Kap- und Hartmann-Bergzebra, wo sich die Verbreitungsgebiete überschneiden.

Lebensraum Grasbewachsene Ebenen und offene Baumsavanne, mit Zugang zu Wasser.

Verhalten Frisst zu jeder Tageszeit. Kleine Familienherden werden vom Leithengst geführt, normalerweise 4–6 Stuten mit ihren Fohlen. Obwohl viel größere Herden regelmäßig gesehen werden, sind diese Zusammenschlüsse nur temporär, die Familieneinheiten bleiben bestehen. Hengste ohne Stuten finden sich in Junggesellenherden zusammen oder bleiben alleine. In größeren Naturschutzgebieten, wie Etosha oder Central Kalahari, wandern manche Populationen abhängig von der Saison, andere Populationen verbleiben das ganze Jahr an einem Standort.

Nahrung Grasfresser, gelegentlich auch Laubfresser.

Fortpflanzung Ein Fohlen wird nach einer Tragezeit von etwa 375 Tagen geboren und wiegt 30–35 kg. Geburten finden meist im Sommer statt. Die Stute hat 1 inguinales Zitzenpaar.

Lebensdauer Wildlebend ca. 20 Jahre.

Laute Wiederholtes Bellen „kwa-ha-ha".

Vorkommen Häufig, auf vielen Wildfarmen (wieder-) angesiedelt. Hauptpopulationen in Etosha (Namibia); Chobe, Makgadikgadi, Central Kalahari (Botsuana); Hwange, Gonarezhou (Simbabwe); Hluhluwe-Imfolozi, Krüger, uMkhuze (Südafrika).

Maße
Gewicht: 290–340 kg
Schulterhöhe: 1.3 m
Gesamtlänge: 2.3–3 m
Schwanzlänge: 43–56 cm

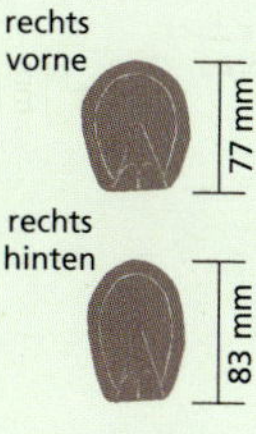

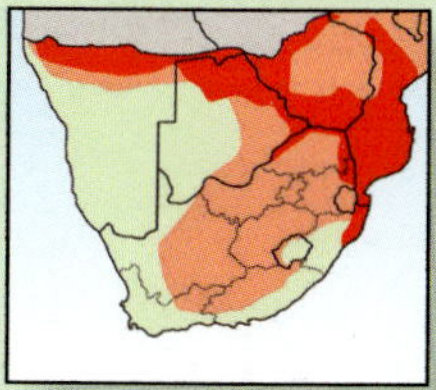

1 KAP-BERGZEBRA *Equus zebra zebra*
HARTMANN-BERGZEBRA *Equus zebra hartmannae*

Afrikaans: *Kaapse bergsebra, Hartmann-bergsebra* **Englisch:** *Cape mountain zebra, Hartmann's mountain zebra* **Französisch:** *Zèbre de montagne du Cap, Zèbre de montagne de Hartmann*

Kennzeichen Ponyähnlich, mit schwarzen und weißen Streifen, aber ohne „Schattenstreifen", die Beine bis zum Huf gestreift. Weißer Bauch, deutliches „Gittermuster" auf der Kruppe, Kehlwamme. Maul schwarz, darüber orangebraune Haare. Hartmann-Zebra ist etwas größer.
Ähnlich Steppenzebra.
Lebensraum Bergiges und hügeliges Gelände, auch häufig auf Hochebenen.
Verhalten Tag- und nachtaktiv. Geschlechtsreifer Hengst kontrolliert kleine Haremgruppe bestehend aus 4 oder 5 Stuten und deren letzten Jungen. Hartmann-Zebra kann temporär an Wasserstellen oder guten Fressplätzen Gruppen von 40 oder mehr Tieren bilden, aber die Einheit der Haremgruppe bleibt bestehen. Hengste ohne Harem bilden Junggesellengruppen, in denen auch junge Stuten und abgestillte Fohlen beider Geschlechter leben können. Hengste verteidigen kein Revier, halten aber andere Hengste von ihren Stuten fern, unterwürfige Hengste werden toleriert.
Nahrung Überwiegend Grasfresser.
Fortpflanzung Ein Fohlen wird nach einer Tragezeit von 360 Tagen mit einem Gewicht von etwa 25 kg geboren. Kap-Zebra kann das ganze Jahr hindurch fohlen, im Sommer aber häufiger; die meisten Geburten des Hartmann-Zebras in Etosha finden im Sommer statt. Die Stute hat 1 inguinales Zitzenpaar.
Lebensdauer In Gefangenschaft 26 Jahre.
Laute Schnauben, hoher Warnruf (Hengst).
Vorkommen Kap-Bergzebra: Mountain Zebra, Karoo, Camdeboo, Buntbock, De Hoop, Gamka (Südafrika). Hartmann-Bergzebra: Etosha, Namib-Naukluft, Fish River (Namibia).

Maße
Gewicht: Kap 250–260 kg
Hartmann 250–300 kg
Schulterhöhe: Kap 1.3 m
Hartmann 1.5 m
Gesamtlänge: 2.7 m
Schwanzlänge: 40 cm

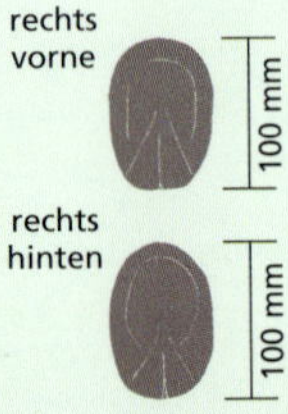

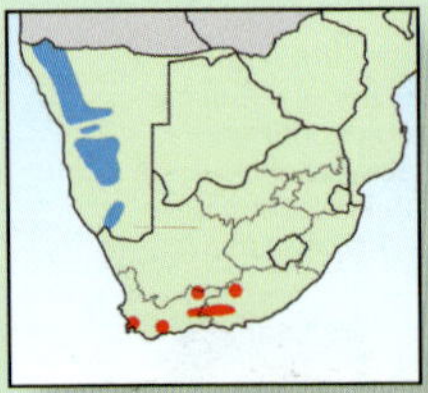

E.z. *hartmannae*
E.z. *zebra* **stark gefährdet**

SPITZMAULNASHORN

Diceros bicornis

Afrikaans: *Swartrenoster* **Englisch:** *Hook-lipped rhinoceros* **Französisch:** *Rhinocéros à gueule pointu*

Kennzeichen Groß, kein Nackenhöcker, zugespitzte Oberlippe, 2 zugespitzte Hörner hintereinander auf der Nase. Kopf wird beim Gehen hoch über dem Boden gehalten. Auch schwarzes Nashorn genannt, sieht aber nur schwarz aus, wenn nass oder nach Wälzen im Schlamm. Eigentliche Farbe verschiedene Grautöne.
Ähnlich Breitmaulnashorn: größer, mit Nackenhöcker; großer Kopf beim Gehen tief über dem Boden gehalten.
Lebensraum Bevorzugt Baumsavanne mit Bewuchs bis zu 4 m und Zugang zu Wasser. Manchmal bewohnt es auch trockenere und offenere Gebiete.
Verhalten Tag- und nachtaktiv. Rastet in den warmen Stunden des Tages in dichtem Gebüsch. Weniger leicht sichtbar als das Breitmaulnashorn. Meist Einzelgänger, an Wasserstellen können einige Tiere zusammentreffen. Bulle und Kuh sind nur zur Paarung beisammen. Das Kalb begleitet seine Mutter bis zum Alter von 2–4 Jahren. Festgesetzte Wohngebiete einiger Individuen können sich überschneiden.
Nahrung Hauptsächlich Laubfresser, aber ausgesprochen selektiv. Zweige werden glatt von den scharfen Backenzähnen abgebissen.
Fortpflanzung Ein Kalb wird nach einer Tragezeit von ca. 450 Tagen geboren und wiegt etwa 40 kg. Es geht entweder neben oder hinter der Mutter. Geburten ganzjährig. Weibliches Tier hat 1 inguinales Zitzenpaar.
Lebensdauer Freilebend wahrscheinlich über 40 Jahre.
Laute Schnaubt, pfeift, quietscht, grunzt und stößt manchmal einen hohen Schrei aus.
Vorkommen Ernsthafte Schutzmaßnahmen, vor allem in Südafrika und Namibia, haben diese Tierart vor der Ausrottung bewahrt. Die wichtigsten Populationen in Krüger, Hluhluwe-Imfolozi, Great Fish (Südafrika); Etosha (Namibia). Erst kürzlich wieder im Okavangodelta angesiedelt.

Maße
Gewicht: 800–1 100 kg
Schulterhöhe: 1.6 m
Gesamtlänge: 3.5–4.3 m
Schwanzlänge: 70 cm
Rekordlänge vorderes Horn: 1.05 m (Südafrika)

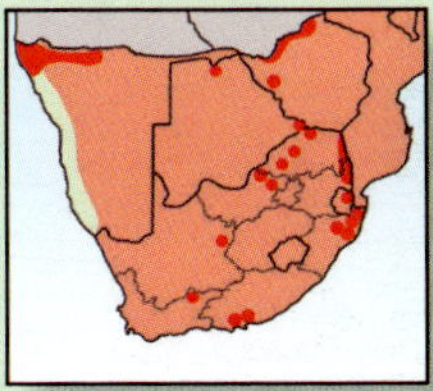

stark gefährdet

BREITMAULNASHORN *Ceratotherium simum*

Afrikaans: *Witrenoster* **Englisch:** *Square-lipped rhinoceros* **Französisch:** *Rhinocéros à gueule large*

Kennzeichen Wuchtiger, kantiger Kopf, immer nahe am Boden gehalten. Charakteristisch sind der Nackenhöcker, große zugespitzte Ohren und 2 Hörner hintereinander auf der Nase. Körperfarbe abhängig vom Schlamm, in dem es sich gesuhlt hat, fast nie weiß.
Ähnlich Spitzmaulnashorn: kleiner, mit zugespitzter (nicht vierkantiger) Oberlippe.
Lebensraum Mit Vorliebe in Kurzgrassavanne mit vereinzelt dichtem Gebüsch als Deckung und Zugang zu Wasser zum Trinken und Wälzen.
Verhalten Tag- und nachtaktiv. Ruht in den heißeren Stunden im Schatten, frisst vor allem in den kühleren Morgenstunden und am späteren Nachmittag. Oft in lockeren Gruppen, geselliger als das Spitzmaulnashorn. Ranghöchster Bulle der Gruppe akzeptiert andere Bullen, solange sie unterwürfig bleiben. Wohngebiete der Kühe sind 6–20 km² groß und überlappen Reviere etlicher Bullen. Bulle markiert die Reviergrenze mit großen Dunghaufen und besucht diese regelmäßig. Größe und Schwerfälligkeit trügen, im Angriff kann es eine Geschwindigkeit bis zu 40 km/h erreichen.
Nahrung Wählerischer Grasfresser; zieht kürzere Gräser vor.
Fortpflanzung Ein Kalb, Geburtsgewicht ca. 40 kg, Tragezeit ca. 480 Tage. Bleibt 2–3 Jahre bei der Mutter. Kalb läuft vor der Mutter, im Unterschied zu Spitzmaulnashorn. Kuh hat 1 inguinales Zitzenpaar.
Lebensdauer In freier Natur 40–50 Jahre.
Laute Rollendes Knurren und tiefes Brüllen als Drohung, Keuchen, Quietschen, Heulen und Zwitschern; vor allem beim Kontakt mit anderen Nashörnern.
Vorkommen War vom Aussterben bedroht, zählt jetzt fast 18 000 Tiere, die meisten in Südafrika. In allen anderen Ländern im südlichen Afrika (außer Lesotho) wieder eingebürgert. Größte Populationen in Krüger, Hluhluwe-Imfolozi, uMkhuze (Südafrika)

Maße
Gewicht: ♂ 2 000–2 300 kg; ♀ 1 400–1 600 kg
Schulterhöhe: 1.8 m
Gesamtlänge: 4.5–4.8 m
Schwanzlänge: 1 m
Rekordlänge vorderes Horn: 1.58 m

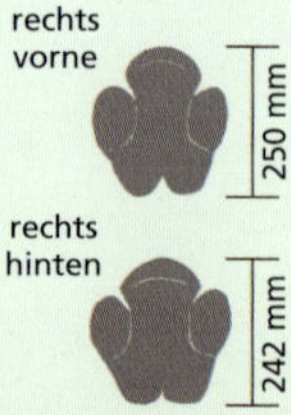

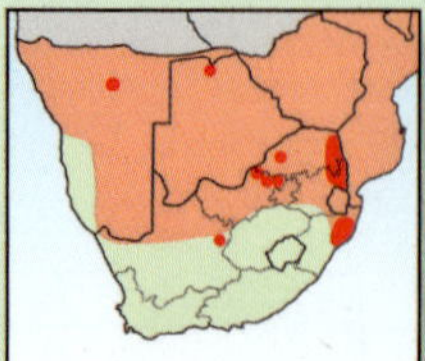

FLUSSPFERD

Hippopotamus amphibius

Afrikaans: *Seekoei* **Englisch:** *Common hippopotamus* **Französisch:** *Hippopotame*

Kennzeichen Großer, fassförmiger Körper mit kurzen kräftigen Beinen und massivem Kopf mit breitem Maul. Haut glatt, haarlos und grauschwarz mit rosa Tönung in Hautfalten und um Augen, Ohren und Maul. Unterseite etwas heller. Schwanz kurz und abgeflacht mit einem Büschel schwarzer Borsten am Ende.

Ähnlich Kaum zu verwechseln.

Lebensraum An Dauergewässern (Flüssen, Seen, Sümpfen und Stauseen) mit angrenzenden Grasflächen.

Verhalten Amphibisch, verbringt Großteil des Tages im Wasser, kommt jedoch oft heraus, um auf Sandbänken in der Sonne zu liegen. Frisst hauptsächlich in der Nacht, aber auch an kühlen, bewölkten Tagen in Ufernähe. Kann in einer Nacht nur einige Hundert Meter oder etliche Kilometer zu Weidegründen zurücklegen. Lebt in Herden von 10–15 Tieren, jede mit eigenem Leitbullen. Größere Gruppen können sich zusammenschließen. Leitbullen markieren ihr Revier an Land mit Dung, der mit dem kurzen Schwanz auf Büsche, Grasbüschel oder Felsen verspritzt wird.

Nahrung Wählerischer Grasfresser, zieht kürzere Gräser vor.

Fortpflanzung Paarung findet im Wasser statt. Ein Kalb wird nach einer Tragezeit von 225–275 Tagen in dichtem Gebüsch an Land geboren und wiegt 25–55 kg. Kuh und Kalb leben etliche Wochen von der Herde getrennt. Geburten ganzjährig, normalerweise in der Regenzeit. Weibliches Tier hat 1 inguinales Zitzenpaar.

Lebensdauer Wahrscheinlich 50 Jahre.

Laute Tiefes Grunzen mehrmals aufeinanderfolgend, Schnauben, Zähneknirschen.

Vorkommen In Südafrika Verbreitungsgebiet stark reduziert, kommt in Krüger, Ndumo, uMkhuze, Hluhluwe-Imfolozi vor und in einigen anderen Reservaten nach Wiederansiedlung. Caprivi (Namibia); Chobe, Moremi, Okavango (Botsuana); Sambesi, Mana Pools, Gonarezhou (Simbabwe).

Maße

Gewicht: ♂ 1 000–> 2 000 kg; ♀ 1 000–1 700 kg
Schulterhöhe: 1.5 m
Gesamtlänge: 3.4–4.2 m
Schwanzlänge: 30–50 cm
Rekordlänge Stoßzahn (Afrika): 163.83 cm

rechts vorne

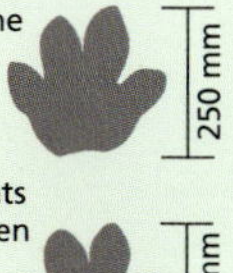

rechts hinten

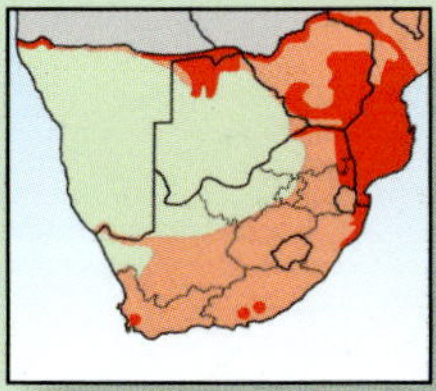

WARZENSCHWEIN

Phacochoerus africanus

Afrikaans: *Vlakvark* **Englisch:** *Common warthog* **Französisch:** *Phacochère commun*

Kennzeichen Typisch Schwein im Aussehen. Graue, spärlich behaarte Haut nimmt die Farbe des Schlammes an, in dem es sich wälzt. Dünne Mähne mit langen Haaren an Hals und Rücken wird bei Gefahr aufgestellt. Weiße oder helle Schnurrhaarbüschel seitlich am Gesicht, vor allem bei jüngeren Tieren. Männchen besitzt 2 Paar auffallende warzenartige Höcker im Gesicht, Weibchen 1 Paar. Eckzähne zu langen gebogenen Hauern entwickelt. Schwanz mit Quaste wird beim Laufen senkrecht nach oben gehalten.

Ähnlich Buschschwein: nachtaktiv, dichteres Körperhaar, keine langen Hauer.

Lebensraum Offene Gras- und Baumsavanne in allen Höhen.

Verhalten Tagaktiv, verbringt Nacht in Erdloch, entweder in einem selbstgegrabenen oder in einem ehemaligen Erdferkel- oder Stachelschweinbau. Zieht sich auch in Abflusskanäle unter Straßen zurück. Weibchen bilden mit ihren Jungen kleine Familiengruppen, erwachsene Männchen sind Einzelgänger oder bilden lockere Junggesellengruppen. Suhlen sich häufig.

Nahrung Hauptsächlich Gras und Graswurzeln; gräbt auch Knollen, Zwiebeln und Wurzelstöcke aus. Frisst gelegentlich Laub und gefallene wilde Früchte, selten Tierprotein. Kniet oft beim Grasen.

Fortpflanzung Nach einer Tragezeit von 170 Tagen werden 1–8 (normalerweise 2–4) Junge geboren. Sie wiegen 480–850 g. In den ersten 2 Wochen bleiben die Jungen im oder nahe am Bau. Paarung ist ganzjährig möglich, die meisten Geburten fallen in den Sommer. Weibchen hat 1 inguinales und 1 abdominales Zitzenpaar.

Lebensdauer In Gefangenschaft 17 Jahre, in freier Natur kürzer.

Laute Normalerweise still, kann aber grunzen, quietschen und schnüffeln.

Vorkommen Weit verbreitet und häufig im gesamten Norden der Region. Angesiedelte Population im Ostkap.

Maße
Gewicht: ♂ 60–105 kg; ♀ 45–70 kg
Schulterhöhe: 60–70 cm
Gesamtlänge: 1.3–1.8 m
Schwanzlänge: 45 cm
Rekordlänge Hauer (Afrika): 61 cm

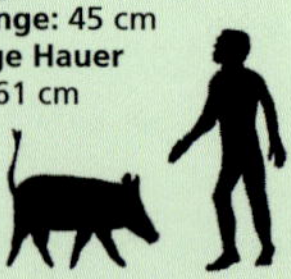

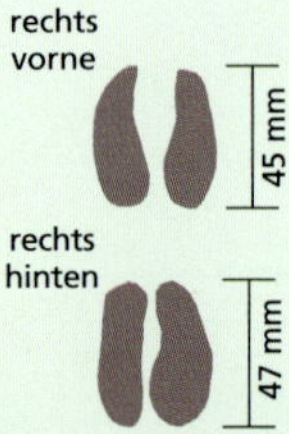

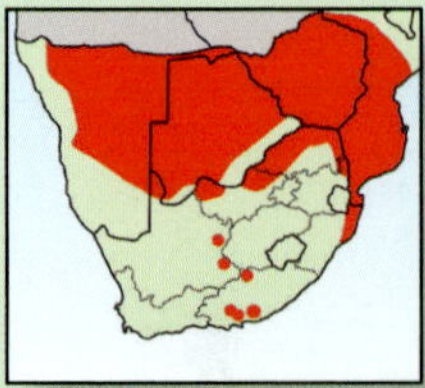

BUSCHSCHWEIN

Potamochoerus larvatus

Afrikaans: *Bosvark* **Englisch:** *Bushpig* **Französisch:** *Potamochère*

Kennzeichen Schweineähnlich, Körper gut behaart und borstig mit längerer Mähne an Hals und Schultern. Langgestreckter Kopf mit grauweißer Gesichtsmaske, Ohren haben Haarbüschel am Ende. Körperfarbe unterschiedlich, meist graubraun oder rotbraun. Junge dunkelbraun mit helleren Querstreifen. Schwanz beim Laufen nach unten gehalten.
Ähnlich Warzenschwein: spärlicher behaart, eher grau; halt Schwanz beim Laufen senkrecht nach oben.
Lebensraum Dicht bewachsene Gebiete, einschließlich Wälder, Baumsavannen und Schilfufer an Flüssen.
Verhalten Hauptsächlich nachtaktiv, in ruhigen Gebieten manchmal auch tagsüber zu sehen. Lebt in Gruppen von 2–15 Tieren, manchmal mehr, mit einem dominanten Männchen; andere männliche Tiere leben einzeln. Dominantes Paar verteidigt ein Revier, Männchen verteidigt Frischlinge.
Nahrung Echter Allesfresser, viele verschiedene Pflanzen und auch Tierprotein. Gräbt mit der Schnauze Wurzeln, Zwiebeln und Insekten aus, frisst auch Frösche, Mäuse und Aas. Greift gelegentlich, vor allem in Dürreperioden, Schafe und Ziegen an. Kann großen Ernteschaden anrichten.
Fortpflanzung Weibchen baut Grashaufen, in dem sie nach einer Tragezeit von 120–130 Tagen 2–4 (bis zu 8) Junge gebärt, Geburtsgewicht ca. 750 g. Geburtenhäufung im Sommer, wenn die Regenzeit beginnt. Weibchen hat 3 abdominale Zitzenpaare.
Lebensdauer Freilebend 12–15 Jahre.
Laute Grunzen, Quietschen und Warnknurren.
Vorkommen Häufig. In den meisten Parks und Reservaten innerhalb des Verbreitungsgebiets, einschließlich Krüger, Ndumo, uMkhuze, Hluhluwe-Imfolozi, Great Fish, Garden Route (Südafrika); Chobe, Moremi (Botsuana); Mana Pools, Gonarezhou (Simbabwe).

<u>Maße</u>
Gewicht: 46–115 kg
(♂ schwerer als ♀)
Schulterhöhe: 55–88 cm
Gesamtlänge: 1.3–1.7 m
Schwanzlänge: 38 cm
Rekordlänge Hauer (Afrika): 30.2 cm

rechts vorne

rechts hinten

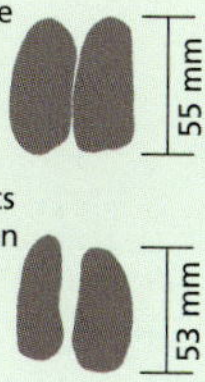

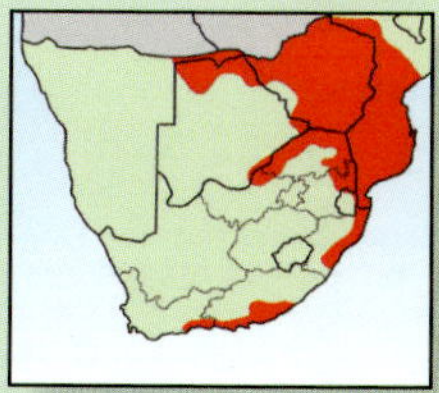

GIRAFFE

Giraffa camelopardalis

Afrikaans: *Kameelperd* **Englisch:** *Giraffe* **Französisch:** *Girafe*

Kennzeichen Sehr hochgewachsen, lange Beine, langer Hals, Rücken fällt von den Schultern zum Steiß ab. Körper mit großen, unregelmäßig getönten Flecken bedeckt, die von einem Netzwerk von helleren Bändern getrennt sind. Beide Geschlechter tragen ein Paar kurze, stumpfe Hörner, an der Spitze umgeben von einem Kranz schwarzer Haare. Manchmal werden zwei Rassen anerkannt, Angola- und Kap-, Unterschiede sind jedoch klein und wohl nicht begründet.
Ähnlich Unverwechselbar.
Lebensraum Trockene Baumsavanne, vor allem wo *Acacia-*, *Commiphora-* und *Terminalia-*Bäume überwiegen. Vermeidet dichtere Wälder. Trinkwasser notwendig.
Verhalten Frisst am Tage und in der Nacht, rastet in den heißen Tagesstunden. Verteidigt kein Revier, hat aber großes Wohngebiet von 20–85 (sogar bis > 120) km².
In Gruppen von 4–30, allerdings nicht dauerhaft, Tiere wechseln oft zwischen Gruppen. Wohngebiete der erwachsenen Bullen kleiner als die der Kühe; junge Bullen wandern weit. Junge Kühe bleiben innerhalb des Wohngebietes der Mutter, junge Bullen wandern in ihrem 3. oder 4. Lebensjahr ab.
Nahrung Fast ausschließlich Laubfresser. Erwachsene benötigen ca. 60 kg Nahrung pro Tag: Blätter, Blüten, Triebe und Schoten, vor allem von Akazien.
Fortpflanzung Ein Kalb mit ca. 100 kg, wird nach einer Tragezeit von etwa 450 Tagen geboren. Innerhalb einer Stunde kann es stehen und gehen. Geburten ganzjährig. Kuh hat 2 inguinale Zitzenpaare.
Lebensdauer In Gefangenschaft bis zu 28 Jahre.
Laute Wird selten gehört; schreit in Not, grunzt und brüllt.
Vorkommen Häufig in den größeren Parks und Reservaten der Savanne, selten außerhalb. Krüger, Hluhluwe-Imfolozi, Kgalagadi (Südafrika); Etosha (Namibia); Chobe, Central Kalahari (Botsuana); Hwange, Gonarezhou (Simbabwe).

Maße
Gewicht: ♂ 970–1 400 kg; ♀ 700–950 kg
Schulterhöhe: ♂ 2.6–3.5 m; ♀ 2–3 m
Gesamthöhe: ♂ 3.9–5.2 m; ♀ 3.7–4.7 m
Gesamtlänge: ♂ 4.6–5.7 m; ♀ < 5 m
Schwanzlänge: ♂ 96 cm–1.5 m; ♀ 75–90 cm

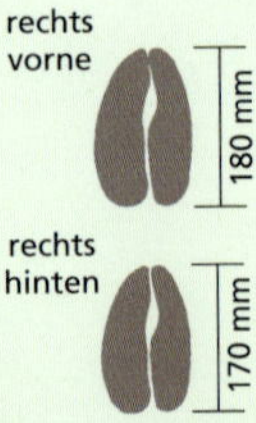

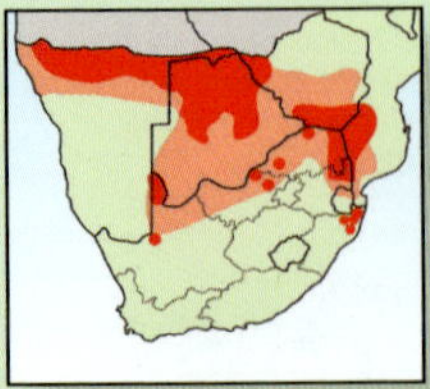

AFRIKANISCHER BÜFFEL

Syncerus caffer

Afrikaans: *Buffel* **Englisch:** *African (savanna) buffalo* **Französisch:** *Buffle d'Afrique*

Kennzeichen Rindähnlich, doch leicht vom Hausrind zu unterscheiden. Groß und wuchtig; kurze, kräftige Beine und große behaarte Ohren, die unter den Hörnern hängen. Die massiven Hörner bilden einen dicken Helm über der Stirn, vor allem beim Bullen, ihre Spitzen zeigen nach innen. Körperfarbe einheitlich dunkelbraun bis schwarz.
Ähnlich Kann nur mit gleich gefärbten Hausrindern verwechselt werden, Hornform unverwechselbar.
Lebensraum Offene Baumsavanne mit reichlich Gras und Trinkwasser. Auch auf offenem Grasland in der Nähe von schützendem Dickicht.
Verhalten Weidet viel in den Nachtstunden; sucht in den heißen Tagesstunden Schatten auf; suhlt sich oft. Trinkt am frühen Morgen und späten Nachmittag. Herden bestehen aus weniger als hundert bis zu etlichen tausend Tieren, doch werden oft auch Bullen einzeln oder in kleinen Gruppen gesehen. Die gemischten Herden bestehen aus Kühen, Jungtieren verschiedenen Alters und erwachsenen Bullen, die eine Rangordnung einhalten. Ranghohe Bullen paaren sich mit empfängnisbereiten Kühen, die ebenfalls einer Rangordnung folgen. Herden leben in festen Wohngebieten.
Nahrung Bevorzugt dicht wachsende Gräser. In der Trockenzeit auch Laubfresser.
Fortpflanzung Ein Kalb wird nach 340 Tagen Tragezeit mit einem Gewicht von 30–40 kg geboren. Kuh hat 2 inguinale Zitzenpaare.
Lebensdauer Freilebend 20 Jahre.
Laute Brüllt; Kalb blökt; „mähhh" (wie Kuh „muuh"), tiefes Grunzen und Krächzen, wie ein ungeöltes Gatter.
Vorkommen Früher weiter verbreitet. Greater Addo, Hluhluwe-Imfolozi, uMkhuze, Ithala, Krüger, Marakele, Mapungubwe (Südafrika); Gonarezhou, Hwange, Mana Pools, (Simbabwe); Chobe, Moremi (Botsuana); Banhine, Gorongoza, Niasa (Mosambik).

Maße
Gewicht: ♂ 700 kg; ♀ 550 kg
Schulterhöhe: 1.4 m
Gesamtlänge: 2.9 m
Schwanzlänge: > 70 cm
Rekordhornlänge: 124.8 cm

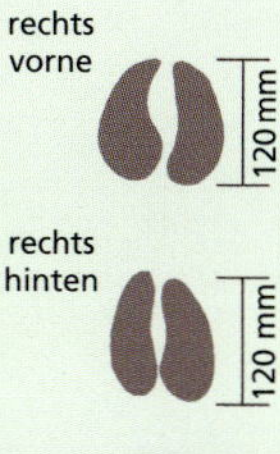

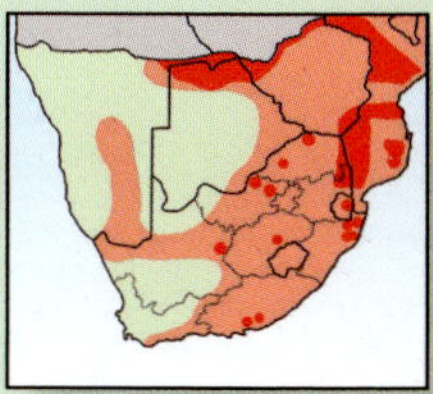

ELENANTILOPE

Tragelaphus oryx

Afrikaans: *Eland* **Englisch:** *Common eland* **Französisch:** *Éland*

Kennzeichen Größte Antilope der Region, ochsähnlich. Körperfarbe rehbraun bis gelblichgrau, ältere Tiere mehr grau vorne, am Hals und im Gesicht. Unterart im Norden (*T.o.livingstonii*) hat auf jeder Seite bis zu 7 vertikale weiße Streifen. Bulle entwickelt große Kehlwamme und deutlich längeres Haar auf der Stirn. Beide Geschlechter tragen leicht gedrehte Hörner; die des Bullen sind dicker.
Ähnlich Größe und Färbung unterscheiden sie von anderen Arten, wie Pferdeantilope und Großem Kudu.
Lebensraum In fast allen Savannen, von Halbwüsten (z.B. Kalahari) bis zu Gebieten mit hohem Niederschlag (Drakensberg), in allen Höhenlagen.
Verhalten Hauptsächlich tagaktiv, Nahrungsaufnahme auch in der Nacht vor allem im Sommer. Herden bestehen meist aus 25–60 Tieren, manchmal mehr. In der Kalahari nomadisch, in anderen Gebieten, wie Drakensberg, sesshaft.
Nahrung Hauptsächlich Laubfresser, weidet auch auf frischem Gras.
Fortpflanzung Ein Kalb (selten Zwillinge) wird nach einer Tragezeit von ca. 270 Tagen mit einem Gewicht von 22–36 kg geboren. Geburten ganzjährig, aber gehäuft im Frühjahr und Sommer. Kalb bleibt in den ersten 2 Wochen versteckt. Kuh hat 2 inguinale Zitzenpaare.
Lebensdauer In Gefangenschaft 26 Jahre; freilebend 20 Jahre oder weniger.
Laute Blöken, Brüllen, lautes Warnbellen.
Vorkommen Früher in der gesamten Region weit verbreitet, jetzt in Naturschutzgebieten; häufig wiederangesiedelt. Hauptpopulationen in Krüger, Kgalagadi, uKhahlamba (Südafrika); Etosha, Khaudom (Namibia); Chobe, Central Kalahari, Makgadikgadi (Botsuana); Hwange, Gonarezhou (Simbabwe).

Maße
Gewicht: ♂ 700–900 kg; ♀ 450 kg
Schulterhöhe: ♂ 1.7 m; ♀ 1.5 m
Gesamtlänge: 3–4.2 m; 2.2–3.5 m
Schwanzlänge: 60 cm
Rekordhornlänge: 118.4 cm (Namibia)

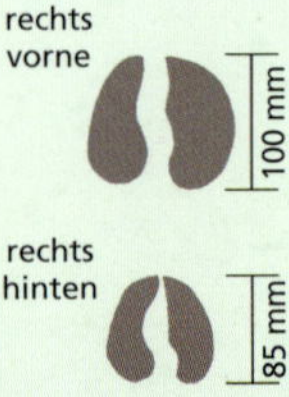

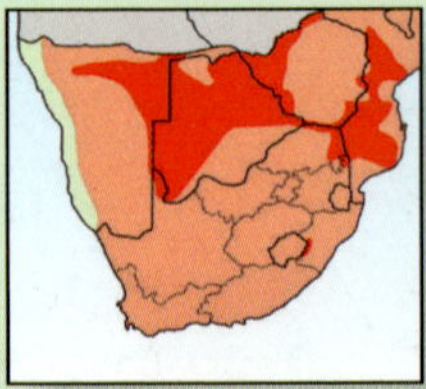

GROSSER KUDU

Tragelaphus strepsiceros

Afrikaans: *Koedoe* **Englisch:** *Greater kudu* **Französisch:** *Grand koudou*

Kennzeichen Groß, lange Beine und Schulterhöcker mit kurzer Mähne. Fellfarbe graubraun bis rötlich, Hals meist mehr grau. An den Flanken 6–10 senkrechte, weiße Streifen. Schmales, weißes Band zwischen den Augen. Beide Geschlechter haben Schultermähne, nur die Bullen auch eine lange Halsmähne. Ohren groß und rund. Bulle trägt lange korkenzieherartige Hörner. Sie werden als eine der schönsten Antilopenhörner angesehen.
Ähnlich Kaum zu verwechseln, vergleichen Sie jedoch das weibliche Tier mit dem kleineren Nyalaweibchen.
Lebensraum Baumsavanne, vor allem Akazienwälder und felsige Hügel. Folgt Galeriewäldern in trockenere Gebiete.
Verhalten Aktiv in der Nacht und den kühleren Stunden des Tages; ruht im Schatten während der Mittagshitze. Kleine Herden von 3–10 Tieren, meist Kühe mit ihren Jungen. An Wasserstellen und guten Futterplätzen kann man kurzfristig größere Gruppen sehen. Erwachsene Bullen wandern einzeln das ganze Jahr frei umher, nur in der Paarungszeit schließen sie sich den Kuhgruppen an. Kleine Junggesellenherden sind häufig. Sehr gutes Sprungvermögen (2 m und mehr).
Nahrung Hauptsächlich Laubfresser, weidet aber auch an vor allem frischem Gras. In Dürreperioden knabbert er Baumrinde mit seinen Schneidezähnen ab. Frisst auch Akazienschoten und -blüten.
Fortpflanzung Ein Kalb, Geburtsgewicht ca. 16 kg, Tragezeit 270 Tage. Geburten ganzjährig, im Sommer gehäuft. Kalb bleibt die ersten 2–3 Monate versteckt. Kuh hat 2 inguinale Zitzenpaare.
Lebensdauer In Gefangenschaft 23 Jahre; wildlebend 7–8 Jahre.
Laute Lautes raues Bellen oder Husten.
Vorkommen In der Region weit verbreitet; jetzt auch in der trockenen Karoo. Kommt in allen großen Parks und Reservaten vor und auch in zahlreichen privaten Wildparks. Häufig in Namibia und im Ostkap, Südafrika.

Maße
Gewicht: ♂ 250 kg; ♀180 kg
Schulterhöhe: 1.2–1.55 m
Gesamtlänge: 2.3–2.9 m
Schwanzlänge: 43 cm
Rekordhornlänge: 187.6 cm (der Windung entlang)

rechts vorne

rechts hinten

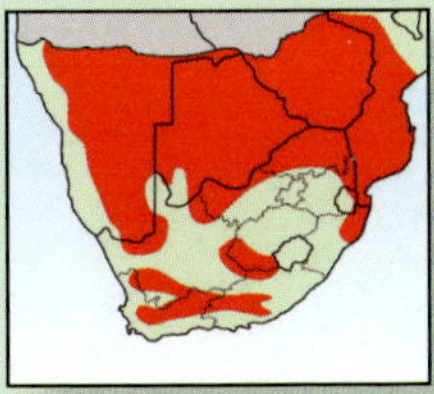

NYALA

Tragelaphus angasii

Afrikaans: *Njala* **Englisch:** *Nyala* **Französisch:** *Nyala*

Kennzeichen Geschlechter unterscheiden sich erheblich. Männchen hat lange Mähne an Unterseite vom Kinn zu den Hinterbeinen und eine aufstellbare Mähne vom Hinterkopf bis zum Steiß. Steiß und Schenkel auch mit langen Haaren bedeckt. Auf jeder Seite 8–14 schmale, senkrechte, weiße Streifen. Körperfarbe schiefergrau bis dunkelbraun; Hinterbeine unten rötlich- bis gelbbraun. Flaches V-förmiges Band zwischen den Augen. Weibliches Tier viel kleiner; Fell kurzhaarig, gelblichbraun oder kastanienbraun, bis zu 18 vertikale weiße Streifen. Nur männliches Tier trägt leicht gedrehte Hörner mit gelblichweißen Spitzen.

Ähnlich Buschbock: kleiner.

Lebensraum Trockene Baumsavanne und an Flussläufen. Weidet auch in Lichtungen.

Verhalten Tag- und nachtaktiv. Männchen verteidigen ihre Reviere nicht, verlassen sich aber auf aufwändiges Imponiergehabe, um Rivalen einzuschüchtern und Dominanz zu festigen. Häufig in Gruppen, bestehend aus Weibchen und Jungen, auch in Junggesellenherden, Böcke oft einzeln. Zusammensetzung der Gruppen ändert sich laufend. Größe der Wohngebiete zwischen 0.65 km² und 4 km².

Nahrung Hauptsächlich Laubfresser, weidet manchmal auf frischem Gras, frisst auch abgefallene Baumblüten und Früchte.

Fortpflanzung Ein Kalb wird nach einer Tragezeit von ca. 220 Tagen geboren und wiegt 4.2–5.5 kg. Geburten ganzjährig, gehäuft im Frühjahr und Frühsommer. Junges bleibt in den ersten 2 Wochen versteckt. Weibchen hat 2 inguinale Zitzenpaare.

Lebensdauer In freier Natur bis zu 14 Jahre.

Laute Harsches Bellen als Warnruf; Weibchen äußert Klickruf; Junges blökt.

Vorkommen Kommt im Osten der Region vor, dort häufig. Weithin umgesiedelt. Ndumo, uMkhuze, Hluhluwe-Imfolozi, Krüger (Südafrika); Gonarezhou (Simbabwe).

Maße
Gewicht: ♂ 108 kg; ♀ 62 kg
Schulterhöhe: ♂ 1.15 m; ♀ 97 cm
Gesamtlänge: ♂ 2.1 m; ♀ 1.8 m
Schwanzlänge: ♂ 43 cm; ♀ 36 cm
Rekordhornlänge: 83.5 cm

rechts vorne

rechts hinten

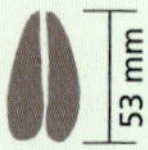

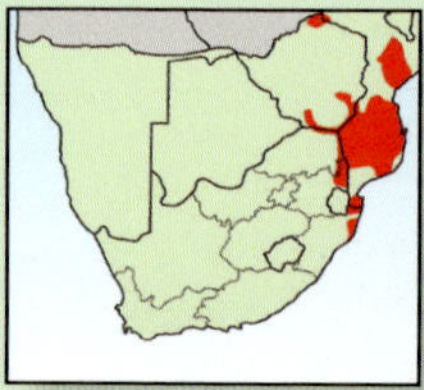

SITATUNGA (WASSERKUDU)

Tragelaphus spekei

Afrikaans: *Waterkoedoe/ Sitatoenga* **Englisch:** *Sitatunga* **Französisch:** *Sitatunga*

Kennzeichen Mittelgroße Antilope, Steiß höher als Schultern. Fell lang und zottig. Männliches Tier einheitlich graubraun, Weibchen rötlicher, mit einigen senkrechten weißen Körperstreifen. Bock trägt lange, leicht gedrehte Hörner mit weißen Spitzen. Hufe sind außergewöhnlich lang, eine Anpassung an das Leben in Sümpfen.
Ähnlich Buschbock: aber Lebensraum und Aussehen anders; kann in der Nacht in Waldstücken weiden, wo auch der Buschbock vorkommt.
Lebensraum Dichte Schilfbestände und gut bewachsene Feuchtbiotope; weidet aber in der Nacht in lichten Wäldern in der Nähe von Sümpfen. Kann auf schwimmenden Grasinseln beobachtet werden.
Verhalten Hauptsächlich tagaktiv, weidet auch nachts. Gruppen bestehen aus einem erwachsenen Bock mit etlichen Weibchen und deren Jungen. Oft auch einzelne Böcke und gemischte Gruppen junger Tiere. Schwimmt gut und oft, um sich in Sicherheit zu bringen und neue Futterplätze aufzusuchen.
Nahrung Papyrus, andere Schilfe; Gräser und Laub in angrenzendem Waldland.
Fortpflanzung Ein Junges wird nach einer Tragezeit von ca. 220 Tagen geboren, Geburten gehäuft in der Trockensaison, aber ganzjährig möglich. Junges bleibt etliche Wochen auf einer niedergetrampelten Schilfmatte versteckt. Weibchen hat 2 inguinale Zitzenpaare.
Lebensdauer In Gefangenschaft 17–20 Jahre.
Laute Wiederholtes scharfes Bellen, wie Buschbock.
Vorkommen Kommt in der Region nur in Botsuanas Okavangodelta und dem angrenzenden Caprivi Zipfel in Namibia vor. Anwesend in Moremi (Botsuana); Caprivi (Namibia).

Maße
Gewicht: ♂ 115 kg; ♀ 55 kg
Schulterhöhe: ♂ 88 cm–1.25 m; ♀ 75–90 cm
Gesamtlänge: ♂ 1.72–1.95 m; ♀ 1.55–1.8 m
Schwanzlänge: 22 cm
Rekordhornlänge: 92.4 cm

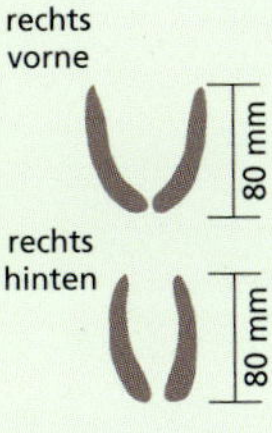

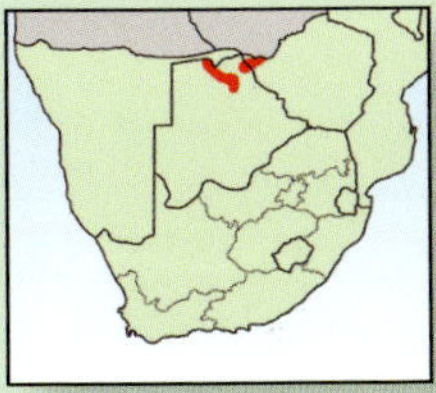

BUSCHBOCK (SCHIRRANTILOPE)

Tragelaphus scriptus

Afrikaans: *Bosbok* **Englisch:** *Bushbuck* **Französisch:** *Guib harnaché*

Kennzeichen Kleinste der Antilopen mit gedrehten Hörnern. Fellfarbe variiert von dunkelbraun bis zu rötlich gelb. An den Seiten senkrechte weiße Streifen und Flecken, unterschiedlich ausgeprägt. Zwei weiße Flecken am Hals. Männliches Tier trägt Rückenmähne, die es aufstellen kann. Drei Unterarten werden in der Region anerkannt: Markierungen am hellsten beim Chobe-Buschbock *(T.s.roualeyni)*, am dunkelsten beim „Kap"-Buschbock *(T.s.sylvaticus)* und mittelhell beim nordöstlichen *T.s.ornatus*. Der südliche Buschbock wird manchmal als *T.sylvaticus* bezeichnet. Bock trägt kurze, glatte, leicht gedrehte Hörner.
Ähnlich Kleiner als Sitatunga und deutlicher markiert; vgl. weibliche Sitatunga und Nyala, letztere hat zahlreiche weiße, senkrechte Körperstreifen.
Lebensraum Galeriewälder und Dickichte in Wassernähe, vom Meerespiegel bis ca. 3 000 m. Betritt auch Lichtungen, aber nie weit von Deckung entfernt.

Verhalten Vor allem nachtaktiv, weidet oft in den kühleren Morgen- und Abendstunden. Meist einzeln, aber auch lockere Herden von weiblichen Tieren und ihren Jungen.
Nahrung Hauptsächlich Laub, aber auch Blüten, Früchte und Triebe.
Fortpflanzung Ein Junges, Geburtsgewicht 3.5–4.5 kg, Tragezeit 180 Tage, 4 Monate lang in dichtem Gestrüpp versteckt. Geburten finden ganzjährig statt, sind aber in der Regenzeit häufiger. Weibchen hat 2 inguinale Zitzenpaare.
Lebensdauer In Gefangenschaft > 12 Jahre; wildlebend wahrscheinlich 8–9 Jahre.
Laute Ein scharfes Bellen.
Vorkommen Im Osten und Süden der Region weit verbreitet und häufig. Garden Route, Greater Addo, Great Fish, Hluhluwe-Imfolozi, uMkhuze, Ndumo, Krüger, Marakele, Mapungubwe (Südafrika); Okavango/Moremi, Chobe (Botsuana); Mana Pools, Gonarezhou (Simbabwe); Banhine, Gorongoza, Niasa (Mosambik).

Maße
Gewicht: ♂ 45 kg; ♀ 30 kg
Schulterhöhe: ♂ 80 cm; ♀ 70 cm
Gesamtlänge: ♂ 1.36–1.66 m; ♀ 1.3–1.5
Schwanzlänge: 20 cm
Rekordhornlänge: 54.3 cm

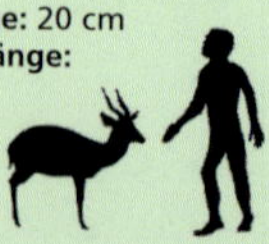

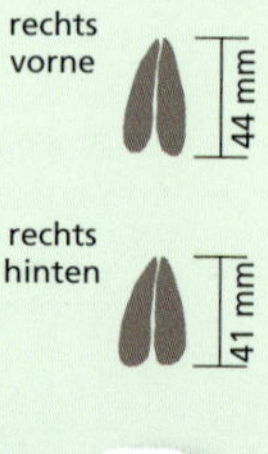

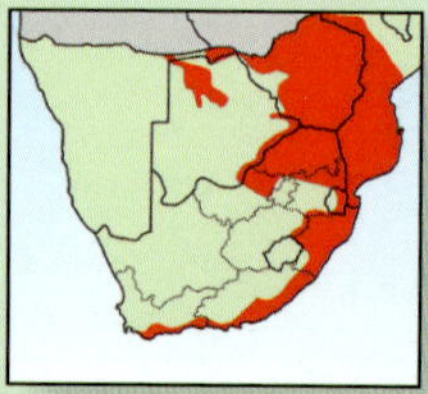

PFERDEANTILOPE *Hippotragus equinus*

Afrikaans: *Bastergemsbok* **Englisch:** *Roan antelope* **Französisch:** *Antilope rouenne*

Kennzeichen Nach der Elenantilope zweitgrößte Antilope der Region. Pferdeähnlich, kurzer, dicker Hals und deutliche Stehmähne von den Ohren bis zur Schulter. Auffallendes weiß-schwarzes Gesichtsmuster, lange Ohren mit Haarbüscheln. Körperfarbe graubraun, Unterseite heller. Beide Geschlechter tragen stark quer gerillte, nach hinten gebogene Hörner, die des Bullen sind schwerer.
Ähnlich Rappenantilope: längere Hörner und andere Fellfarbe; Elenantilope: viel größer, mit geraden Hörnern.
Lebensraum Offenes oder leicht bewaldetes Grasland mit mittelhohem bis hohem Gras und Zugang zu Wasser. Vermeidet Kurzgrasflächen.
Verhalten Meist tagaktiv, aber nicht ausschließlich. Herde mit 5–12 Tieren vom Leitbullen kontrolliert, er verteidigt seine Herde, aber kein Revier gegen andere Bullen. Größere Herden werden manchmal angetroffen, diese sind jedoch unbeständig und nur temporär. Herde wird von Leitkuh geführt, sie dominiert andere Kühe und wählt Fress- und Ruheplätze. Junge Bullen werden aus der Herde vertrieben und bilden Junggesellengruppen; erst im Alter von 5–6 Jahren gründen sie eigene Herden.
Nahrung Grasfresser, wählt mittelhohe und hohe Gräser.
Fortpflanzung Ein Kalb wird nach 280 Tagen Tragezeit geboren und wiegt 15–18 kg. Geburten ganzjährig. Kalb bleibt 2 Wochen lang versteckt und wird zweimal am Tag gesäugt. Kuh hat 2 inguinale Zitzenpaare.
Lebensdauer In Gefangenschaft 14–17 Jahre.
Laute Schnauben; Kuh und Kalb haben vogelähnliche Kontakt- und Warnrufe; Bullen brüllen beim Kämpfen.
Vorkommen Dramatischer Rückgang in Verbreitung und Anzahl, sogar in Krüger. Krüger, Mokala, Pilanesberg (Südafrika); Chobe (Botsuana); Caprivi, Khaudom, Waterberg, Etosha (Namibia); Hwange, Mana Pools, Gonarezhou (Simbabwe).

Maße
Gewicht: 220–300 kg
(♂ schwerer als ♀)
Schulterhöhe: 1.1–1.5 m
Gesamtlänge: 2.26–2.89 m
Schwanzlänge: 54 cm
Rekordhornlänge:
99.06 cm
(Simbabwe)

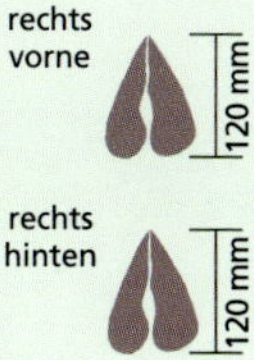

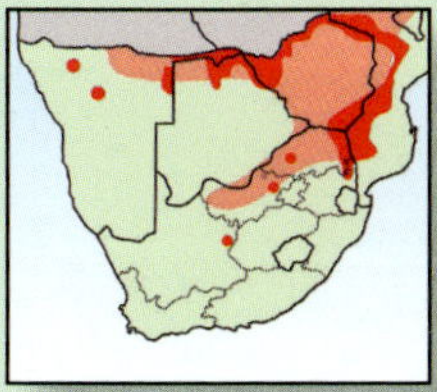

RAPPENANTILOPE

Hippotragus niger

Afrikaans: *Swartwitpens* **Englisch:** *Sable antelope* **Französisch:** *Hippotrague noir*

Kennzeichen Größ, schwarz-weiße Gesichtszeichnung und lange, stark geriffelte, säbelartige Hörner sind typisch. Erwachsener Bulle ist schwarz, mit kontrastierender weißer Bauchpartie. Kuh rötlich- bis kastanienbraun, oft im Alter dunkler, Bauch weiß. Bei beiden Geschlechtern Ohren hinten braun. Hörner des Weibchens sind denen des Männchens ähnlich, aber kürzer und dünner. Lange, aufrecht stehende Mähne vom Hinterkopf bis zu den Schultern.

Ähnlich Pferdeantilope: kürzere Hörner und andere Farbe.

Lebensraum Trockene, offene Baumsavanne mit mittelhohem bis hohem Gras; Zugang zu Wasser notwendig.

Verhalten In den kühlen Morgen- und Abendstunden und auch nachts aktiv. In Herden von 10–30 Tieren; kurzfristig auch in größeren Gruppen. Bulle verteidigt Revier, das die eher kleinen Wohngebiete mehrerer Herden überschneiden kann. In der Brunstzeit versucht Bulle die Zuchtherden an sein Revier zu binden. Leitkuh führt Herde und wählt Fress- und Ruheplätze. Junge Bullen schließen sich bis zu ihrem 5. oder 6. Jahr in Junggesellenherden zusammen, dann suchen sie eigene Reviere.

Nahrung Vor allem Grasfresser, in Dürreperioden auch Laubfresser.

Fortpflanzung Ein Kalb, Geburtsgewicht 13–18 kg, Tragezeit ca. 270 Tage. Geburten gehäuft im Sommer, kann aber innerhalb der Region variieren. Kuh hat 2 inguinale Zitzenpaare.

Lebensdauer In Gefangenschaft 17 Jahre.

Laute Schnauben; Kuh und Kalb haben vogelähnliche Kommunikations- und Warnlaute; Bulle brüllt.

Vorkommen Verbreitung und Anzahl haben abgenommen, sogar in Krüger. Krüger, Pilanesberg, Marakele, Mapungubwe (Südafrika); Chobe (Botsuana); Hwange, Gonarezhou, Mana Pools (Simbabwe). Häufig auf Wildfarmen angesiedelt.

Maße
Gewicht: 180–270 kg
(♂ schwerer als ♀)
Schulterhöhe: 1.35 m
Gesamtlänge: 2.3–2.56 m
Schwanzlänge: 50 cm
Rekordhornlänge: 140.65 cm

rechts vorne

rechts hinten

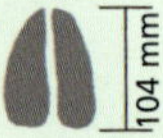

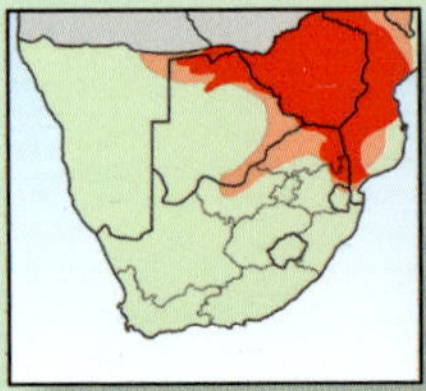

SPIESSBOCK (ORYX) *Oryx gazella*

Afrikaans: *Gemsbok* **Englisch:** *Southern oryx, Gemsbok* **Französisch:** *Oryx gazelle*

Kennzeichen Kräftig gebaut, Hals dick und kurz, deutliche schwarz-weiße Zeichnung an Kopf, Körper und Beinen. Langer, schwarzer, pferdeähnlicher Schweif. Fell oben graurehbraun, mit schwarzem Streifen von weißer Bauchpartie abgegrenzt. Schwarze Flecken oben an den Beinen und am Steiß. Schwarzer Streifen vorne am Hals. Jungtiere sind rehbraun, schwarze Körperzeichnung fehlt. Beide Geschlechter tragen lange, gerade, quer gerillte Hörner; die des Bullen sind kürzer und dicker.
Ähnlich Pferdeantilope: größer; Hörner säbelförmig; ähnliche Gesichtszeichnung, aber kein Schwarz am Körper.
Lebensraum Offene Trockengebiete, auch offene Baumsavanne, Grasland und Sanddünen.
Verhalten Tag- und nachtaktiv. Lebt in Herden von etwa 15 oder mehr Tieren, vor allem in der Regenzeit. Mischherden aus Bullen, Kühen und Kälbern unterschiedlichen Alters oder reine Kuh- und Kälberherden; Bullen oft einzeln. Ortstreuer Bulle treibt Herde in sein Revier, er allein paart sich mit den empfängnisbereiten Kühen. Nomadisch; sucht frischen Pflanzenwuchs, der auf sporadische Niederschläge folgt.
Nahrung Vor allem Grasfresser; frisst aber auch Blätter, wilde Früchte und Schoten.
Fortpflanzung Ein Kalb, Geburtsgewicht ca. 15 kg, Tragezeit 264 Tage. Geburten ganzjährig, an Niederschläge gebunden. In den ersten 3 Wochen bleibt Kalb versteckt, folgt der Mutter nur nachts zu einem neuen Ruheplatz. Kuh: 2 inguinale Zitzen.
Lebensdauer 18–20 Jahre.
Laute Bullen brüllen im Kampf; Kontaktknurren, sonst lautlos.
Vorkommen Hat in manchen Gebieten stark abgenommen, wurde jedoch weitläufig um- und wiederangesiedelt. Kgalagadi, Madikwe, Pilanesberg, Richtersveld (Südafrika); Central Kalahari, Chobe (Botsuana); Hwange (Simbabwe); Namib-Naukluft, Skeleton Coast, Etosha, Khaudom (Namibia).

Maße
Gewicht: ♂ 240 kg; ♀ 210 kg
Schulterhöhe: 1.2 m
Gesamtlänge: 1.9–2.16 m
Schwanzlänge: 46 cm
Rekordhornlänge: 125.7 cm (Kalahari)

rechts vorne

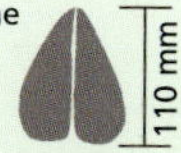

rechts hinten

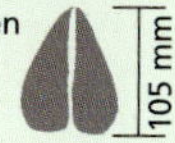

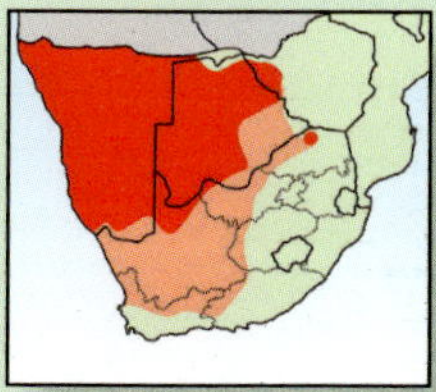

WASSERBOCK

Kobus ellipsiprymnus

Afrikaans: *Waterbok* **Englisch:** *Common waterbuck* **Französisch:** *Cobe à croissant*

Kennzeichen Ziemlich groß; grobes, zottiges graubraunes Fell, deutlicher weißer Ring am Hinterteil. Nur Bulle trägt die langen, quer gerillten und nach vorne gebogenen Hörner. Weißes Band vorne am Hals, weiß auch um Maul und Nase. Das ölige Fell gibt starken Geruch ab.
Ähnlich Riedbockarten: viel kleiner und heller gefärbt mit buschigem Schwanz.
Lebensraum Immer in Wassernähe, bevorzugt Schilfbestände und hohes Gras; auch in Baumsavannen. Weidet im Grasland nie weit von Deckung.
Verhalten Tag- und nachtaktiv. Meist in kleinen Herden, 5–10 Tiere, manchmal bis zu 30. Größere Herden werden in der Regenzeit angetroffen. Junge Bullen bilden Junggesellenherden, die sich weit weg von Revierbullen bewegen. Bulle festigt mit 5 oder 6 Jahren ein Revier, durch welches Herden von Kühen und Jungen frei wandern; in der Brunftzeit hält er Kühe zur Paarung. Er verteidigt Revier so lange, bis ein starkerer Bulle ihn besiegt. Trotz aufwändigem Imponiergehabe und sich unterwerfenden Jungbullen, kommt es oft zu ernsten Kämpfen, die mit Todesfällen enden können.
Nahrung Hauptsächlich Gräser, aber gelegentlich auch Laub, vor allem in der Trockenzeit.
Fortpflanzung Ein Kalb (selten Zwillinge), Geburtsgewicht ca. 13 kg, Tragezeit 280 Tage. Kalb bleibt in den ersten 3–5 Wochen versteckt. Geburten ganzjährig, im Sommer gehäuft. Kuh hat 2 inguinale Zitzenpaare.
Lebensdauer In freier Natur als Ausnahme 18 Jahre; selten 15.
Laute Kuh und Kalb blöken; Warnschnauben.
Vorkommen Verbreitung im Nordosten der Region, wurde jedoch weit außerhalb angesiedelt. Hluhluwe-Imfolozi, Mapungubwe, uMkhuze, Ndumo, Krüger (Südafrika); Chobe, Moremi (Botsuana); Hwange, Matobo, Mana Pools, Gonarezhou (Simbabwe); Gorongoza (Mosambik).

Maße
Gewicht: 250–270 kg
Schulterhöhe: 1.3 m
Gesamtlänge: 2.1–2.74 m
Schwanzlänge: 35 cm
Rekordhornlänge: 99.7 cm

rechts vorne

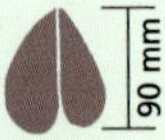

rechts hinten

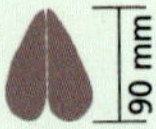

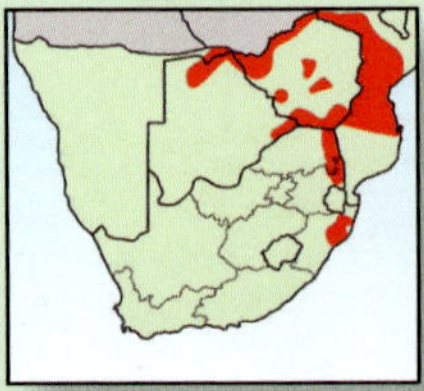

LITSCHI (MOORANTILOPE)

Kobus leche leche

Afrikaans: *Letsjwe* **Englisch:** *Red lechwe* **Französisch:** *Cobe lechwe*

Kennzeichen Steiß höher als Schultern; Oberseite leuchtend kastanienbraun, Unterseite vom Kinn zum Unterbauch weiß. Deutliche schwarze Längsstreifen an der Vorderseite der Vorderbeine. Nur Männchen trägt lange, stark gerillte, leierförmige Hörner. Ziemlich langer Schwanz mit schwarzer Spitze.
Ähnlich Puku: unten weniger Weiß, keine schwarzen Längsstreifen an den Vorderbeinen; Wasserbock: größer und dunkler.
Lebensraum Flussniederungen und Feuchtwiesen; selten über 2–3 km von Dauergewässern entfernt.
Verhalten Tagaktiv, vor allem früh morgens und spät nachmittags, ruht in der Mittagshitze und in der Nacht. Mit Vorliebe im Wasser, um dort Nahrung und Schutz zu suchen. In Herden von bis zu 30 Tieren, gelegentlich viele Tausend. Männchen festigen kleine Reviere (150 m im Durchmesser), in denen sie kleine Gruppen von Weibchen zurückhalten, um sich zu paaren. Kleine Junggesellengruppen versammeln sich an diesen Reviergrenzen. Herden von Kühen und Jungen bewegen sich frei von einem Revier zum anderen. Unterwürfigen Männchen wird das Durchqueren der Reviere erlaubt, solange sie kein Interesse an den Weibchen zeigen. Bewegen sich an Land langsam.
Nahrung Im Wasser gedeihende Gräser und Röhricht.
Fortpflanzung Ein Kalb, Geburtsgewicht ca. 5 kg, Tragezeit 225 Tage, bleibt 2–3 Wochen versteckt. Die meisten Geburten im Okavangodelta und in Chobe finden von Oktober bis Dezember statt. Weibchen hat 2 inguinale Zitzenpaare.
Lebensdauer Wahrscheinlich unter 15 Jahren.
Laute Tiefes Pfeifen; knurriges Wiehern.
Vorkommen Sehr beschränkte Verbreitung. Chobe, Moremi, Okavangodelta (Botsuana); Caprivi (Namibia).

Maße
Gewicht: ♂ 100 kg; ♀ 80 kg
Schulterhöhe: ♂ 1 m; ♀ 96 cm
Gesamtlänge: ♂ 1.6 m; ♀ 1.5 m
Schwanzlänge: 34 cm
Rekordhornlänge: 93.98 cm (Botsuana)

rechts vorne

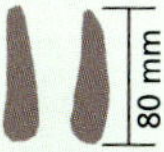

rechts hinten

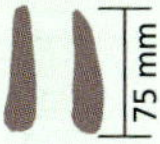

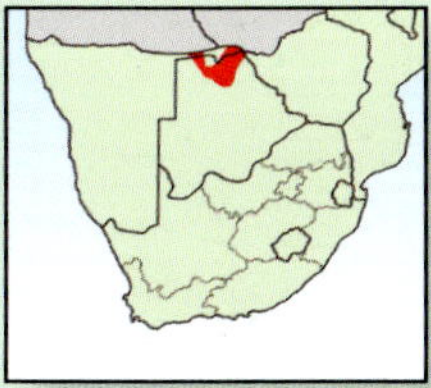

PUKU

Kobus vardonii

Afrikaans: *Poekoe* **Englisch:** *Puku* **Französisch:** *Puku*

Kennzeichen Mittelgroß, oben goldbraun bis gelbbraun, Seite etwas heller, unten fast weiß. Hals und Haare um Schnauze und Augen auch fast weiß. Keine deutliche Zeichnung. Läufe einheitlich braun. Haariger Schwanz goldgelb, Haare an der Unterseite weiß. Nur männliches Tier trägt relativ kurze, dicke, leierförmige, tief gerillte Hörner. Manche Wissenschaftler sehen das Puku als eine Unterart des Kob an, der jedoch in dieser Gegend nicht vorkommt.
Ähnlich Großer Riedbock: deutliche Zeichnung und unterschiedliche Hörner. Litschi: deutliche Zeichnung an den Läufen und Männchen viel längere Hörner. Impala: kleiner und leichter, mit deutlicher Zeichnung am Steiß.
Lebensraum In offenen Ebenen nahe Flüssen und Sümpfen, jedoch selten auf Feuchtwiesen.
Verhalten Tagaktiv, manchmal auch nachtaktiv. Herden aus 5–30 Tieren, sehr variabel, Tiere wechseln häufig zwischen Herden. Herden von Weibchen und Jungen bewegen sich durch die Reviere mehrerer Männchen. Reviere bestehen nur kurzzeitig, kaum länger als ein paar Monate. Böcke versuchen Herden in ihr Revier zu treiben, um sich mit den empfängnisbereiten Weibchen zu paaren.
Nahrung Vor allem Gräser, bevorzugen unterschiedliche Arten zu verschiedenen Jahreszeiten.
Fortpflanzung Ein Junges, Geburtsgewicht ca. 5 kg, Tragezeit etwa 240 Tage; bleibt in den ersten Wochen in einer Grasmulde versteckt. Sobald die Jungen sich der Herde anschließen, bleiben sie in einer Gruppe zusammen. Geburten ganzjährig, Häufungen von Mai bis September. Weibchen hat 2 inguinale Zitzenpaare.
Lebensdauer In Gefangenschaft 17 Jahre.
Laute Charakteristisches scharfes, wiederholtes Pfeifen der Männchen.
Vorkommen In der Region nur auf den Puku-Ebenen und an den Ufern des Chobe Flusses. Chobe (Botsuana); Caprivi (Namibia).

Maße
Gewicht: ♂ 74 kg; ♀ 62 kg
Schulterhöhe: 80 cm
Gesamtlänge: 1.5–1.7 m
Schwanzlänge: 28 cm
Rekordhornlänge: 56.2 cm

rechts vorne

rechts hinten

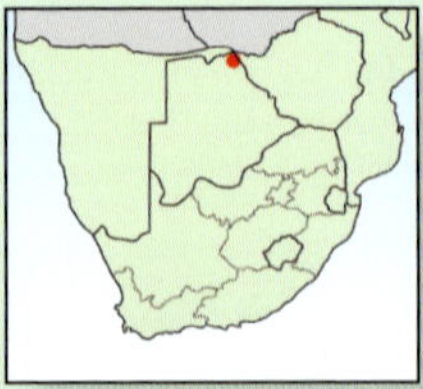

BERGRIEDBOCK

Redunca fulvorufula

Afrikaans: *Rooiribbok* **Englisch:** *Mountain reedbuck* **Französisch:** *Redunca de montagne*

Kennzeichen Der kleinere der beiden Riedbockarten der Region. Oben graurehbraun bis rotbraun, unten weiß, auch unter dem buschigen Schwanz. Hals und Kopf meist gelblich rehbraun, Läufe unten oft heller. Ohren lang und schmal, mit weißen Haaren an der Innenseite. Nur Männchen trägt kurze, dicke, nach vorn gebogene Hörner, die stark quergerillt sind. Unter jedem Ohr ein kahler Drüsenfleck.

Ähnlich Großer Riedbock: größer und bevorzugt anderen Lebensraum. Rehantilope: Verbreitungsgebiete überlappen.

Lebensraum Berghänge und felsiges Terrain, bevorzugt offenes Hügelland mit verstreuten Bäumen und Büschen und grasbedeckten Hängen.

Verhalten Nahrungsaufnahme tags und in der Nacht. Männchen verteidigen Reviere das ganze Jahr hindurch. Kleine Gruppen von 2–6 Weibchen und ihren Jungen bewegen sich von Herde zu Herde, durchqueren dabei etliche Reviere, können aber auch lange Perioden im Revier nur eines Männchens verbringen. Kleine Herden aus Junggesellen kommen auch vor, jedoch nur kurzfristig.

Nahrung Vor allem Gräser, verschiedene je nach Jahreszeit.

Fortpflanzung Ein Junges, Geburtsgewicht etwa 3 kg, Tragezeit ca. 242 Tage. Es bleibt in den ersten 2–3 Monaten versteckt. Geburten gehäuft in der Regenzeit, allerdings auch während des übrigen Jahres. Weibchen hat 2 inguinale Zitzenpaare.

Lebensdauer In freier Natur bis zu 12 Jahren.

Laute Nasales Pfeifen als Alarmruf und zur Revierverteidigung.

Vorkommen Im Südosten der Region, nahezu endemisch in Südafrika. Mountain Zebra, Greater Addo, Gariep, Krüger, uKhuhlamba, Marakele (Südafrika).

<u>Maße</u>
Gewicht: 30 kg
Schulterhöhe: 72 cm
Gesamtlänge: 1.3–1.5 m
Schwanzlänge: 20 cm
Rekordhornlänge: 25.4 cm

rechts vorne

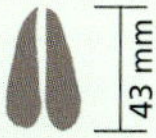

rechts hinten

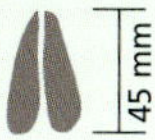

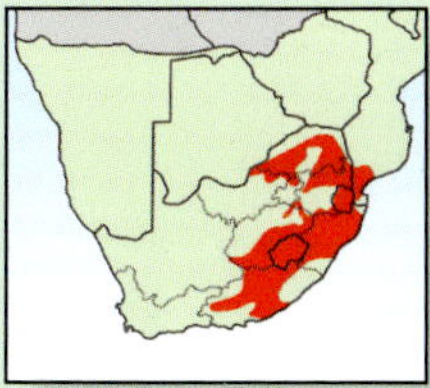

GROSSER RIEDBOCK

Redunca arundinum

Afrikaans: *Rietbok* **Englisch:** *Common (southern) reedbuck* **Französisch:** *Grand cobe des roseaux*

Kennzeichen Mittelgroß, größere der beiden Riedbockarten. Oben einförmig braun oder graubraun; Kopf und Hals meist etwas heller, Unterseite von Körper und Schwanz weiß. Heller oder weißer Fleck am Hals. Senkrechter, schwarzer oder dunkelbrauner Streifen vorne an den Vorderläufen. Nur Männchen trägt ziemlich lange, nach vorne gebogene Hörner, deren untere zwei Drittel quer gerillt sind. Hornansatz von blassgrauer Wachstumszone umgeben.
Ähnlich Bergriedbock: kleiner und bevorzugt unterschiedlichen Lebensraum. Litschi: nur im Okawango Gebiet.
Lebensraum Bewohnt Gebiete mit hohem Gras und Schilf, in Wassernähe. Vermeidet dichtes Gebüsch. In Südafrika vom Meeresspiegel bis zu etwa 2 000 m Höhe.
Verhalten Hauptsächlich nachtaktiv, wenn wenig gestört, Nahrungsaufnahme auch in kühlen Stunden am Tag, in der Trockenzeit mehr und mehr. Bildet keine Herden, sondern lebt in Paaren oder kleinen Familiengruppen. In Gebieten mit idealem Habitat kann man auch mehrere Tiere zusammen sehen. Männchen verteidigen Revier, Konflikte rufen aufwändiges ritualisiertes Imponiergehabe hervor.
Nahrung Vor allem Grasfresser, manchmal auch Laub.
Fortpflanzung Ein Junges, Geburtsgewicht ca. 4.5 kg, Tragezeit 220 Tage. Junge werden das ganze Jahr über geboren, bleiben in den ersten 2 Monaten versteckt. Nach jedem Säugen (ein oder zweimal täglich), findet das Junge ein neues Versteck. Weibchen hat 2 inguinale Zitzenpaare.
Lebensdauer Wildlebend 6–8 Jahre.
Laute Scharfes nasales Pfeifen.
Vorkommen iSimangaliso, Krüger, uKhuhlamba, Marakele (Südafrika); Chobe, Okavango/Moremi (Botsuana); Hwange, Mana Pools, Gonarezhou (Simbabwe); Caprivi (Namibia); Banhine, Gorongoza (Mosambik).

Maße
Gewicht: ♂ 43–68 kg; ♀ 32–51 kg
Schulterhöhe: ♂ 95 cm; ♀ 80 cm
Gesamtlänge: ♂ 1.6–1.8 m; ♀ 1.4–1.7 m
Schwanzlänge: 25 cm
Rekordhornlänge: 46.68 cm

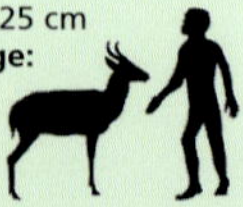

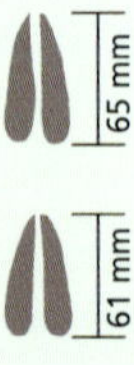

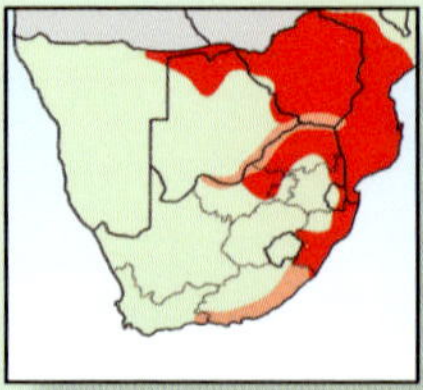

REHANTILOPE

Pelea capreolus

Afrikaans: *Vaalribbok* **Englisch:** *Grey rhebok* **Französisch:** *Péléa*

Kennzeichen Elegant; dickes, wolliges, graues Fell, weißer Bauch. Haariger Schwanz, unten auch weiß, wird beim Weglaufen angehoben; läuft mit einer schaukelnden Bewegung. Ohren lang und schmal; große, runde, schwarze Nase. Nur Männchen trägt glatte, gerade senkrechte Hörner.
Ähnlich Gleicher Lebensraum wie Bergriedbock. Klippspringer: viel kleiner.
Lebensraum In Hügel- und Bergland; vor allem im Westkap auch auf angrenzenden Ebenen. Sowohl in trockenen (Richtersveld) als auch feuchten Gebieten (Drakensberg), vom Meeresspiegel bis auf große Höhen.
Verhalten Vor allem tagaktiv, ruht in der Nacht. Lebt in kleinen Familiengruppen, bestehend aus einem erwachsenen Männchen und etlichen Weibchen mit deren Jungen, maximal 14 Tiere. Territoriale Männchen sind sehr aggressiv und tolerieren keine anderen Männchen in ihrer Nähe. Es ist bekannt, dass sie manchmal Bergriedböcke angreifen und sogar töten. Junge Männchen entfernen sich von der Familienherde, bis sie alt genug sind, um selbst ein Revier zu gründen.
Nahrung In den meisten Gebieten Laubfresser, aber auch Grasfresser, vor allem, wenn frisches Gras vorhanden ist. Im Westkap frisst sie auch Getreidetriebe.
Fortpflanzung Ein Junges, Tragezeit ca. 260 Tage. Geburten gehäuft zwischen September und Januar, die meisten im Dezember und Januar. Junges bleibt zuerst versteckt. Weibchen hat 2 inguinale Zitzenpaare.
Lebensdauer Ein Tier in Gefangenschaft > 12 Jahre; wildlebend im Durchschnitt 8.
Laute Regelmäßiges scharfes nasales Schnauben als Warnruf, auch „Husten".
Vorkommen Auf Südafrika, Swasiland und Lesotho beschränkt, auch dort nicht durchgehend. Isolierte Population in den Hunsbergen, im Südwesten Namibias. Richtersveld, Cedarberg, De Hoop, Agulhas, Karoo, Camdeboo, uKhahlamba (Südafrika).

Maße
Gewicht: 20 kg
Schulterhöhe: 75 cm
Gesamtlänge: 1.1–1.3 m
Schwanzlänge: 10 cm
Rekordhornlänge: 30.16 cm

rechts vorne

rechts hinten

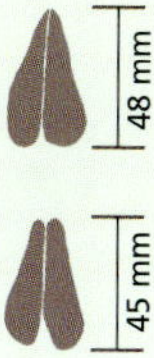

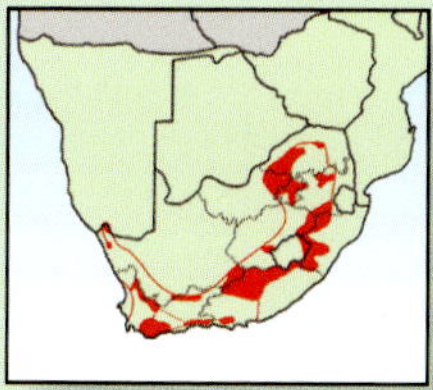

WEISSSCHWANZGNU *Connochaetes gnou*

Afrikaans: *Swartwildebees* **Englisch:** *Black wildebeest* **Französisch:** *Gnou à queue blanche*

Kennzeichen Schultern höher als Steiß; Kopf groß mit breitem Maul. Schwarze aufrecht stehende Haare auf der Nase; lange, schwarze Mähne vorne am Hals und auf der Brust. Weiße Mähne (mit schwarzen Haarspitzen) im Nacken und auf den Schultern. Pferdeähnlicher Schweif ist weiß oder schmutzig weiß, wird beim Laufen häufig hin und her geschwungen. Beide Geschlechter tragen Hörner, die scharf nach unten, nach vorne und oben gebogen sind. Sie bilden beim Männchen einen Helm und sind beim Weibchen dünner.
Ähnlich Streifengnu: größer.
Lebensraum Niedriges Karoogestrüpp und offenes Grasland.
Verhalten Mit seltenen Ausnahmen tagaktiv, vor allem in den kühleren Stunden. Männchen festigen Reviere und versuchen in der Brunstzeit, Weibchen dahin zu treiben. Herden von Kühen und Jungen wandern durch die Reviere etlicher Bullen. Während des ganzen Jahres markieren die Männchen ihr Revier mit Urin, Kot, Geruchsstoffen und aufwändigem Imponiergehabe. Junggesellenherden bestehen aus Männchen in jedem Alter.
Nahrung Gräser, aber auch niedrige Karoobüsche, vor allem in der Trockenzeit. Zugang zu Wasser notwendig.
Fortpflanzung Ein Kalb, Geburtsgewicht 14 kg, Tragezeit ca. 250 Tage. Geburten gehäuft im Sommer (Dezember und Januar), dies variiert jedoch je nach Gebiet. Junge können kurz nach der Geburt mit der Herde mithalten. Kuh hat 2 inguinale Zitzenpaare.
Lebensdauer Ein Tier lebte in Gefangenschaft 19 Jahre 7 Monate; in freier Natur wahrscheinlich kürzer.
Laute Nasales „genuuh"; auch Schnauben.
Vorkommen Endemisch auf Ebenen im Inneren Südafrikas, jedoch weitläufig auf Wildfarmen Namibias angesiedelt. War von der Ausrottung bedroht, jetzt mehr als 20 000 Tiere. Camdeboo, Mountain Zebra, Golden Gate Highlands, Willem Pretorius (Südafrika).

Maße
Gewicht: ♂ 180 kg; ♀ 100–140 kg
Schulterhöhe: ♂ 1.2 m; ♀ 1.1 m
Gesamtlänge: 2.6–3.2 m
Schwanzlänge: 80–100 cm
Rekordhornlänge: 74.62 cm (Spitze bis Spitze entlang Biegung)

rechts vorne

rechts hinten

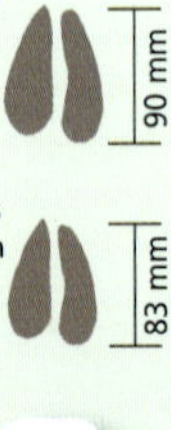

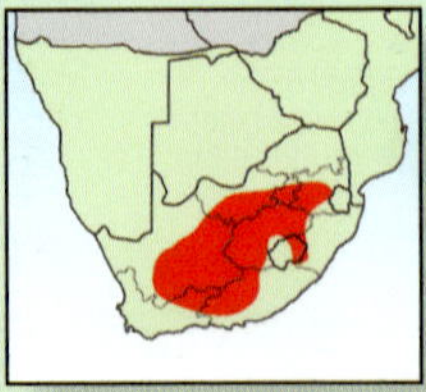

stark gefährdet

STREIFENGNU

Connochaetes taurinus

Afrikaans: *Blouwildebees* **Englisch:** *Blue Wildebeest* **Französisch:** *Gnou bleu*

Kennzeichen Schmales Hinterteil, kräftige Schultern und Brustkorb. Kopf groß mit breitem Maul. Kopf, Mähne und Haare vorn am Hals schwarz. Beide Geschlechter tragen schwarze Hörner, sie wachsen nach außen, biegen scharf nach oben und dann wieder nach innen; Hornansätze bilden Helm. Schwarzer pferdeähnlicher Schweif. Fell dunkelgrau, mit brauner Tönung, an Hals und Brust etliche senkrechte, dunklere Streifen.
Ähnlich Weißschwanzgnu: kleiner und dunkler, weißer Schwanz; unterschiedliche Hornform.
Lebensraum Offene Baumsavanne und offenes Grasland. Auf Wasser angewiesen.
Verhalten Nahrungsaufnahme vorwiegend in der kühleren Tageszeit. Lebt in Herden von bis zu 30 Tieren, manchmal auch in viel größeren Gruppen, Herdenstruktur wird beibehalten. Manche Populationen sesshaft, andere nomadisch (Kgalagadi, Etosha), folgen Niederschlägen und frischem Graswuchs. Revierbullen verteidigen ein Gebiet um ihre Kühe, auch auf Wanderschaft, ein Bulle kann 2 bis zu 150 Kühe beherrschen; Kühe wandern durch die mobilen Reviere mehrerer Bullen.
Nahrung Kurzes grünes Gras.
Fortpflanzung Ein Kalb, Geburtsgewicht ca. 22 kg, Tragezeit etwa 250 Tage. Paarung von März bis Juni, Geburten von Mitte November bis Ende Dezember, kann allerdings variieren. Kuh hat 1 inguinales Zitzenpaar.
Lebensdauer Wildlebend 18 Jahre.
Laute Typisches metallisches „genuuh" Grunzen, Schnauben; Kalb blökt.
Vorkommen Natürliches Vorkommen im Norden und Nordosten der Region; auch außerhalb weit verbreitet. Hluhluwe-Imfolozi, uMkhuze, Ithala, Krüger, Madikwe, Pilanesberg, Mapungubwe, Kgalagadi (Südafrika); Hwange, Gonarezhou (Simbabwe); Central Kalahari, Chobe (Botsuana); Khaudom, Etosha (Namibia).

Maße
Gewicht: ♂ 250 kg; ♀ 180 kg
Schulterhöhe: ♂ 1.5 m; ♀ 1.3 m
Gesamtlänge: 2.4–3.3 m
Schwanzlänge: 45 cm–1 m
Rekordhornlänge: 86.05 cm (Spitze bis Spitze entlang Biegung)

rechts vorne

rechts hinten

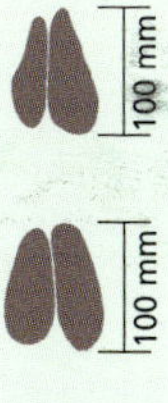

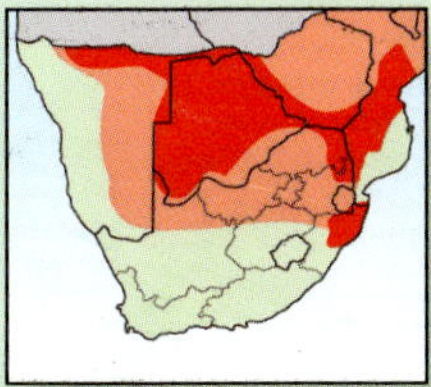

KUHANTILOPE

Alcelaphus buselaphus

Afrikaans: *Rooihartbees* **Englisch:** *Red hartebeest* **Französisch:** *Bubale roux*

Kennzeichen Hohe Schultern, Rücken fällt stark zum Steiß ab. Langer, schmaler Kopf, Stirn und Nasenrücken schwarz. Fell rehbraun bis goldbraun, Rücken von den Schultern zum Steiß dunkler; Steiß und Oberschenkel heller. Viel Schwarz an den Beinen. Schwanz schwarz, Schwanzwurzel heller. Beide Geschlechter tragen Hörner, die des Bullen sind dicker. Hörner an der Basis nahe beisammen, „Z"-förmig gebogen.

Ähnlich Lichtenstein-Kuhantilope: sehr begrenzte Verbreitung, kein Schwarz im Gesicht oder an den Beinen. Leierantilope: Hörner ausladender.

Lebensraum Offene Gras- und Baumsavanne. Nicht von Wasser abhängig.

Verhalten Tagaktiv. In Herden von etwa 20 Tieren, aber auch mehrere Hundert oder selten etliche Tausend (Kalahari) zusammen. Zu Beginn der Sommerregen sind große Gruppen häufiger. Wandern in trockenen Gebieten weite Strecken, um frisches Gras zu finden. Revierbulle mit Haremherde (Kühe und Junge) besetzen die besten Weiden. Junggesellenherden müssen sich mit den angrenzenden Gebieten zufrieden geben.

Nahrung Vor allem Gras, aber auch etwas Laub, meist niedrige Büsche und Kräuter.

Fortpflanzung Ein Kalb, Geburtsgewicht 12–14 kg, Tragezeit ca. 240 Tage. Geburten meist Oktober bis Dezember, zur Zeit der Sommerregenfälle. Kalb bleibt versteckt, bis es mit der Herde mithalten kann. Kuh hat 1 inguinales Zitzenpaar.

Lebensdauer In Gefangenschaft 19 Jahre; wildlebend 10–12 (oder weniger).

Laute Warnruf ein „Nies-Schnauben".

Vorkommen Ursprünglich nur in großen Teilen des zentralen Westens der Region; kürzlich seit kurzem weitläufig angesiedelt, häufig. Etosha, Khaudom (Namibia); Kgalagadi, Pilanesberg, Madikwe, Greater Addo, Mountain Zebra (Südafrika); Nxai Pan, Central Kalahari, Makgadikgadi (Botsuana).

Maße
Gewicht: ♂ 150 kg; ♀ 120 kg
Schulterhöhe: 1.25 m
Gesamtlänge: 2.3 m
Schwanzlänge: 47 cm
Rekordhornlänge: 74.93 cm

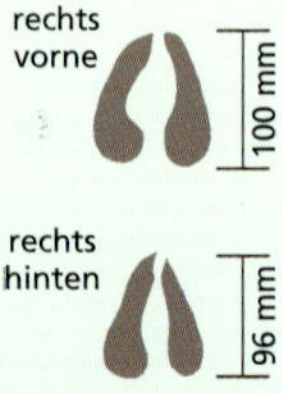

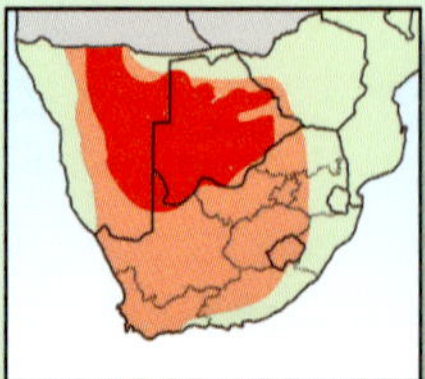

LICHTENSTEIN-KUHANTILOPE

Alcelaphus lichtensteini

Afrikaans: *Lichtenstein-hartbees* **Englisch:** *Lichtenstein's hartebeest* **Französisch:** *Bubale de Lichtenstein*

Kennzeichen Typische Kuhantilope, Schultern höher als Steiß. Langer, schmaler Kopf; schmale, zugespitzte Ohren. Fell gelbbraun bis hellrötlichbraun, mit etwas hellerem „Sattel" von Schulter bis zum Steiß. Flanken, Steiß und Beine unten heller. Schwanz schwarz, an der Wurzel heller. Beide Geschlechter tragen Hörner, an der Wurzel abgeflacht, stark gerillt (nicht an der Spitze), „Z"-förmig gebogen.
Ähnlich Verbreitung überschneidet sich nicht mit Kuhantilope. Leierantilope: Schwarz im Gesicht und an den Beinen, unterschiedliche Hornform.
Lebensraum Baumsavanne in der Nähe von Sümpfen und Feuchtwiesen, mit leichtem Zugang zu Wasser.
Verhalten Nahrungsaufnahme vor allem tagsüber, gelegentlich auch nachts. In kleinen Gruppen von bis zu 10 Tieren. Revierbulle bleibt in der Nähe seiner Kühe und deren Jungen innerhalb eines festen Wohngebiets, welches die beste Weide aufweist. Unter den Weibchen besteht eine vom Alter abhängige Rangordnung. Revierbulle markiert mit Dunghaufen, Urin und Sekreten aus Drüsen im Gesicht. Junggesellen bilden auch Herden.
Nahrung Fast ausschließlich Grasfresser.
Fortpflanzung Ein Kalb, Geburtsgewicht ca. 15 kg, Tragezeit 240 Tage, Geburtenhäufung Juni bis September. Kalb kann der Mutter kurz nach der Geburt folgen, ruht zwischen Mahlzeiten ohne Deckung. Kuh hat 1 inguinales Zitzenpaar.
Lebensdauer Nicht bekannt; wohl ähnlich der Kuhantilope.
Laute Froschähnliches Quaken und Grunzen; Nies-Schnauben als Warnruf.
Vorkommen Kleine natürliche Population in Mosambik und Südost-Simbabwe (Gonarezhou); aus Malawi wieder im Krüger (Südafrika) angesiedelt.

Maße
Gewicht: ♂ 160–204 kg; ♀ 160–180 kg
Schulterhöhe: 1.25 m
Gesamtlänge: 2.01–2.5 m
Rekordhornlänge: 61.92 cm

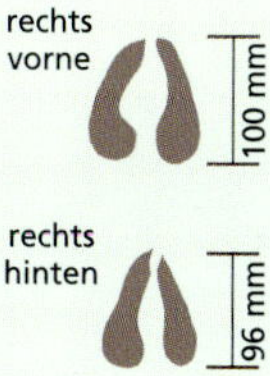

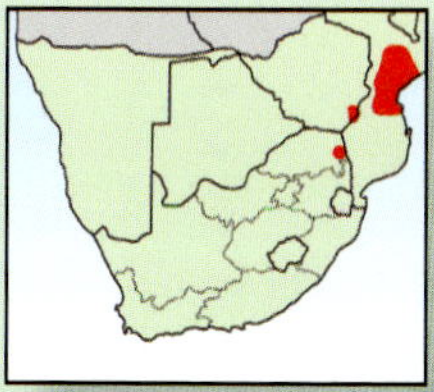

1 BUNTBOCK — *Damaliscus pygargus dorcas*
2 BLESSBOCK — *Damaliscus pygargus phillipsi*

Afrikaans: *Bontebok, Blesbok* **Englisch:** *Bontebok, Blesbok* **Französisch:** *Bontebok, Blesbok*

Kennzeichen Getrennte Unterarten von *Damaliscus pygargus*. Mittelgroß, Schultern höher als Steiß, langer, schmaler Kopf. Beide Geschlechter tragen leierförmige Hörner, die der Weibchen sind etwas dünner.
Der Buntbock hat dunkelbraunes Fell mit violettem Glanz, vor allem das Männchen; Flanken und Läufe oben sind dunkler; Steiß und Beine unten weiß; vollständige weiße Blesse; Hörner ganz schwarz. Blessbock ist mehr rotbraun gefärbt, ohne Glanz; Steiß heller, aber nicht weiß; weiße Blesse normalerweise zwischen den Augen unterbrochen; Hörner vorne strohfarben.
Ähnlich Kuhantilope: viel größer.
Lebensraum Buntbock: Küstenebenen im Fynbos, mit niedrigen Sträuchern und Gras; **Blessbock:** offene Grasebenen mit Zugang zu Wasser.
Verhalten Tagaktiv. Buntbockmännchen verteidigen Revier das ganze Jahr hindurch, Gruppen von Weibchen mit Jungen (6–10 Tiere) wandern durch angrenzende Reviere. In Brunftzeit (Januar bis März) treibt Männchen die Weibchen zusammen. Blessbock Haremherden (2–25 Tiere) haben je einen Revierbock, der mit ihnen wandert.
Nahrung Gräser, selten Laub.
Fortpflanzung Ein Junges, Geburtsgewicht 6–7 kg, Tragezeit ca. 240 Tage. Buntbockjunge werden von September bis Oktober geboren, Blessbock meistens November bis Januar. Laufen 30 Minuten nach der Geburt mit der Mutter. Weibchen haben 1 inguinales Zitzenpaar.
Lebensdauer In Gefangenschaft Buntbock bis zu 15 Jahren, Blessbock bis zu 21; wildlebend wahrscheinlich wesentlich kürzer.
Laute Warnschnauben; Nieslaut.
Vorkommen In Namibia und in Südafrika (außerhalb ursprünglicher Verbreitung) angesiedelt. Buntbock: Table Mountain, Agulhas, De Hoop, Bontebok; Blessbock: Willem Pretorius, Mountain Zebra (Südafrika).

Maße
Gewicht: Buntbock ♂ 62 kg;
Blessbock ♂ 70 kg
(bei beiden leichter)
Schulterhöhe: Buntbock 90 cm;
Blessbock 95 cm
Gesamtlänge: 1.7–2.0 m
Schwanzlänge: 30–45 cm
Rekordhornlänge:
Buntbock 43 cm;
Blessbock 52.39 cm

rechts vorne

rechts hinten

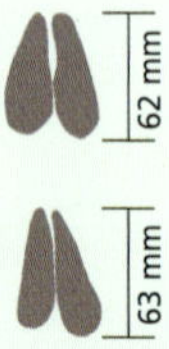

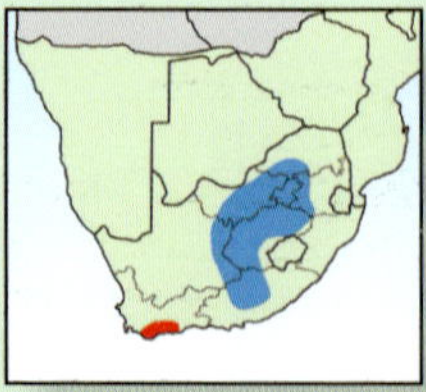

D.p. phillipsi
D.p dorcas **stark gefährdet**

LEIERANTILOPE

Damaliscus lunatus

Afrikaans: *Tsessebe* **Englisch:** *Tsessebe* **Französisch:** *Sassaby, Damalisque*

Kennzeichen Sieht der Kuhantilope ähnlich, Schultern höher als Steiß, langer Kopf. Oben dunkelrotbraun, mit deutlich violettem Glanz, vor allem Männchen. Kopf, Schultern unten und Schenkel dunkler. Beine unten bräunlich gelb, Unterschenkel innen hellrehbraun. Schwanz am Ansatz hellrehbraun, schwarzes Haarbüschel am Ende. Beide Geschlechter tragen leierförmige Hörner, die bis zur Spitze quergerillt sind.
Ähnlich Vergleiche mit Kuhantilope und Lichtenstein-Kuhantilope, Verbreitung und Hornform unterschiedlich.
Lebensraum Offene Baumsavanne mit angrenzendem Grasland, Zugang zu Wasser.
Verhalten Vor allem tagaktiv, manchmal auch nachtaktiv. In kleinen Herden (5–6 Tiere), manchmal bis zu 30, vor allem in Wassernähe und auf guten Weiden. Revierbulle verteidigt ein Gebiet, in dem Kühe und Junge dauernd leben. Jungesellenherden bewegen sich an der Peripherie dieser Reviere. Bullen markieren ihr Revier mit Dunghaufen und Sekreten der Gesichtsdrüsen.
Nahrung Ausschließlich Gräser, meist mittelhoch bis hoch.
Fortpflanzung Ein Kalb, Geburtsgewicht 10–12 kg, Tragezeit ca. 240 Tage. Geburten gehäuft Oktober - Dezember, zu Beginn der Regenzeit. Kälber können schon kurz nach der Geburt mit der Herde laufen. Kuh hat 1 inguinales Zitzenpaar.
Lebensdauer Ein Tier in Gefangenschaft über 9 Jahre; ein wildlebendes auf 15 Jahre geschätzt.
Laute Froschähnliches Quacken und Grunzen; Schnauben.
Vorkommen Stellenweise im Norden und Nordosten. Mokala, Pilanesberg, Madikwe, Marakele, Krüger (Südafrika); Chobe (Botsuana); Caprivi (Namibia); Hwange (Simbabwe).

Maße
Gewicht: ♂ 140 kg; ♀ 126 kg
Schulterhöhe: 1.2 m
Gesamtlänge: 1.9–2.3 m
Schwanzlänge: 45 cm
Rekordhornlänge: 46.99 cm

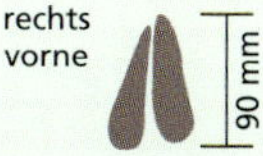

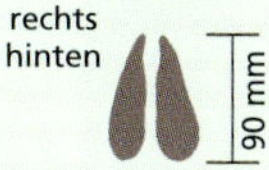

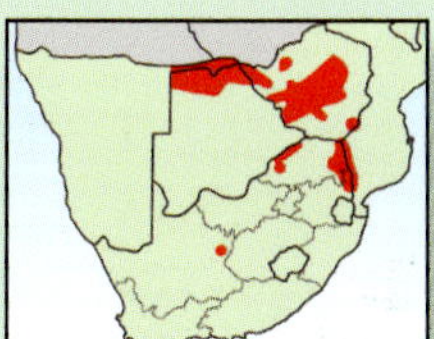

IMPALA (SCHWARZFERSENANTILOPE) *Aepyceros melampus*

Afrikaans: *Rooibok* **Englisch:** *Impala* **Französisch:** *Impala*

Kennzeichen Mittelgroße Antilope, leicht gebaut und elegant; oben rötlich rehbraun, heller an den Seiten. Brust, Bauch, Hals und Kinn weiß. Schwanz weiß mit zentralem, schwarzem Streifen oben; auch senkrechter schwarzer Streifen auf jeder Hinterbacke. Einzige Antilope mit schwarzem Haarbüschel am Hinterfuß unten. Männchen trägt lange, elegante, leierförmige Hörner, die fast bis zur Spitze tief gerillt sind. Schwarznasenimpala *(A.m.petersi)* im Norden Namibias hat schwarze Blesse und buschigeren Schwanz.
Ähnlich Im Norden Botsuanas vgl. mit Puku.
Lebensraum Offene Baumsavanne; vermeidet Grasland, wenn keine Deckung in der Nähe.
Verhalten In den kühleren Stunden des Tages aktiv, Nahrungsaufnahme auch in der Nacht. Wohngebiete von Brutherden können die saisonalen Reviere etlicher Männchen überschneiden. In der Brunftzeit (am Anfang der Regenzeit) treibt der Revierbock 15–20 Kühe zur Paarung zusammen. Danach leben Männchen in Junggesellenherden und Brutherden schließen sich wieder zusammen.
Nahrung Sowohl Gras- als auch Laubfresser.
Fortpflanzung Ein Junges, Geburtsgewicht ca. 5 kg, Tragezeit im Durchschnitt 196 Tage. Weibchen hat 2 inguinale Zitzenpaare.
Lebensdauer In freier Natur 12 Jahre.
Laute Bock in Brunft sehr lautstark: Knurren, Brüllen, Schnauben. Weibchen und Junges verständigen sich mit Blöken.
Vorkommen Eine der häufigsten Antilopen im Nordosten der Region. Weitläufig angesiedelt. Schwarznasenimpala nur im Nordwesten Namibias, in viel geringeren Zahlen. Etosha (Namibia); Chobe, Nxai Pan (Botsuana); Hwange, Mana Pools, Gonarezhou (Simbabwe); Pilanesberg, Madikwe, Marakele, Mapungubwe, Krüger, uMkhuze, Hluhluwe-Imfolozi (Südafrika).

Maße
Gewicht: ♂ 45–80 kg (Durchschnitt: 50 kg); ♀ 34–52 kg (Durchschnitt: 40 kg)
Schulterhöhe: 90 cm
Gesamtlänge: 1.6–1.72 m
Schwanzlänge: 28 cm
Rekordhornlänge: 78.4 cm (Impala); 67.9 cm (Schwarznasenimpala)

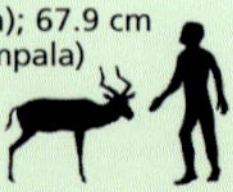

rechts vorne

rechts hinten

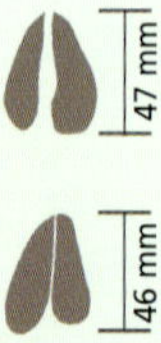

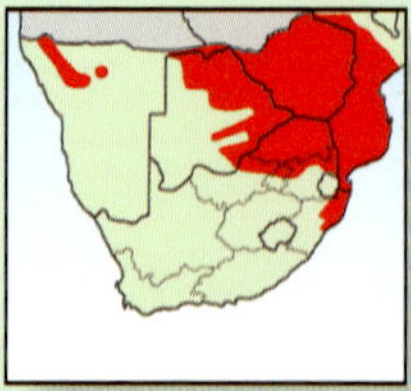

SPRINGBOCK

Antidorcas marsupialis

Afrikaans: *Springbok* **Englisch:** *Springbok* **Französisch:** *Springbok*

Kennzeichen Hinterteil, mit deutlicher Zeichnung, etwas höher als Schulter. Dunkel rotbrauner Flankenstreifen trennt den rehbraunen Rücken von dem weißen Bauch. Kopf weiß, brauner Augenstreifen reicht bis zur Oberlippe. Großer weißer Fleck am Steiß, braun umrandet. Langer weißer Haarkamm von Rückenmitte zum Steiß wird nur beim Prellsprung („Pronk") aufgestellt. Beide Geschlechter tragen gerillte, leierförmige Hörner, die des Männchens sind schwerer und länger. Zwei Rassen: Karoo-S. (*A .m. marsupialis*) und der größere Kalahari-S. *(A.m. hofmeyeri)*.
Ähnlich Impala: mehr rotbraun mit schwarzen Streifen an Hinterbacken.
Lebensraum Offene trockene Ebenen; vermeidet Dickicht. Nicht von Wasser abhängig.
Verhalten In kühlen Tagesstunden aktiv, Nahrungsaufnahme auch nachts. Kleine Herden, gemischt oder nur Männchen; auf Wanderung zu neuen Weiden auch in Hunderten oder Tausenden (Kalahari). Männchen oft auch Einzelgänger, territorial, treiben Weibchen in der Brunftzeit zusammen, halten aber Revier nicht ganzjährig. Aufwendiges Imponiergehabe, um Rivalen einzuschüchtern.
Nahrung Gras und Laub; graben auch mit den Vorderhufen Wurzeln und Zwiebeln aus.
Fortpflanzung Ein Junges, Geburtsgewicht ca. 3.8 kg, Tragezeit ca. 168 Tage. Geburten ganzjährig, aber gehäuft in der Regenzeit. Junges schließt sich mit der Mutter nach ca. 2 Tagen der Herde an. Weibchen hat 1 (selten 2) inguinale(s) Zitzenpaar(e).
Lebensdauer Wild lebend 7–10 Jahre.
Laute Tief rollendes Knurren in der Herde, scharfer Warnpfiff, Junges blökt.
Vorkommen Hauptpopulationen in Etosha, Namib-Naukluft (Namibia); Kgalagadi, Karoo, Mountain Zebra (Südafrika); Central Kalahari, Makgadikgadi, Nxai Pan (Botsuana).

Maße
Gewicht: ♂ 32–46 kg
♀ 26–38 kg
Schulterhöhe: 75 cm
Gesamtlänge: 1.12–1.27 m
Schwanzlänge: 25 cm
Rekordhornlänge: 49.22 cm

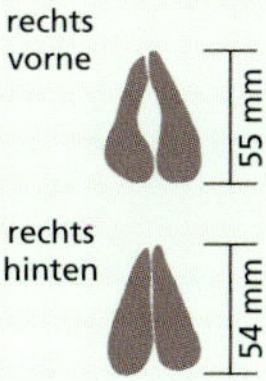

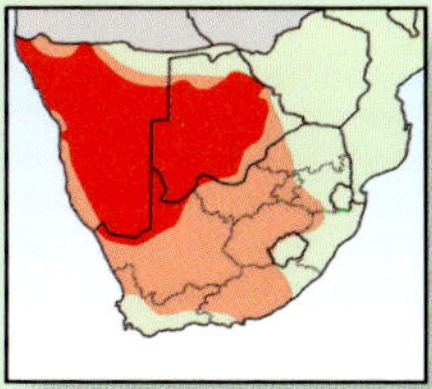

DAMARADIKDIK

Madoqua damarensis

Afrikaans: *Damara-dikdik* **Englisch:** *Damara dik-dik* **Französisch:** *Dik-dik de Damara*

Kennzeichen Sehr klein, auffällig lange, sehr bewegliche Nase; große, weiß umrandete Augen. Oben gelbgrau gesprenkelt, Hals heller als Schultern und Flanken. Unten weiß oder gelblich weiß, weißer Fleck oben am Hals. Stirnschopf wird aufgestellt, wenn es beunruhigt ist oder Rivalen imponieren will. Männchen trägt kurze, gerade, spitze Hörner, sie sind etwas nach hinten geneigt und teilweise vom Haarschopf verdeckt.
Ähnlich Steinböckchen: größer, oben einförmig rotbraun; glatte, senkrechte Hörner.
Lebensraum Dichte, trockene Baumsavanne. Dringt in Galeriewäldern in die Namibwüste vor. Auch an buschbestandenen Hügeln und in angrenzendem Gestrüpp.
Verhalten Tag- und nachtaktiv. Einzeln, in Paaren oder in kleinen Familiengruppen mit bis zu 2 erwachsenen Weibchen. Paare bewohnen ein kleines Gebiet, das sie beide verteidigen; Männchen verjagt andere Männchen, Weibchen eindringende Weibchen. Suchen gemeinsame Kotplätze auf, Zweige werden mit Sekret aus der Voraugendrüse markiert. Benutzt regelmäßig Wildwechsel im Revier.
Nahrung Frisst vor allem Blätter, Blüten, Früchte und Schoten, wenn vorhanden auch frisches Gras. Gräbt auch mit den Vorderhufen Wurzeln aus.
Fortpflanzung Ein Junges, Geburtsgewicht 620–760 g, Tragezeit ca. 170 Tage, Geburten gehäuft in der Regenzeit (Januar-März). Weibchen hat 2 inguinale Zitzenpaare.
Lebensdauer In Gefangenschaft 15–16 Jahre oder mehr; wildlebend < 5 Jahre.
Laute Scharfer Warnpfiff; niedrigfrequentes Pfeifen als Kommunikation zwischen Tieren; Autoren hörten zwitschernde Kontaktlaute.
Vorkommen Skeleton Coast, Etosha, Waterberg, Khaudom (Namibia).

<u>**Maße**</u>
Gewicht: 5 kg (Durchschnitt)
Schulterhöhe: 38 cm
Gesamtlänge: 64–76 cm
Schwanzlänge: 5 cm
Rekordhornlänge: 10.48 cm (Namibia)

rechts vorne

rechts hinten

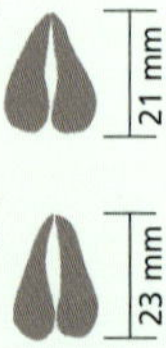

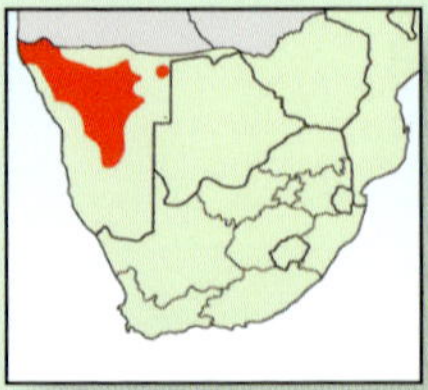

SUNI (MOSCHUSBÖCKCHEN)

Neotragus moschatus

Afrikaans: *Soenie* **Englisch:** *Suni* **Französisch:** *Suni*

Kennzeichen Elegante Zwergantilope; tief rotbraune, weiß gesprenkelte Oberseite, weiße oder schmutzigweiße Unterseite. Zwei leicht gekrümmte, weiße Kehlstreifen; schmales dunkles Band über jedem Huf. Schwanz oben dunkelbraun, an der Spitze weiß, wird laufend und schnell hin- und herbewegt. Nur Männchen trägt kurze, dicke, stark gerillte Hörner, die nach hinten geneigt sind. Durchscheinende Ohren, innen rosa.

Ähnlich Sharpe-Greisbock: größer, mehr Weiß im Fell, sehr kurzer Schwanz, Hörner glatt. Blauducker: fast gleich groß, einförmig grau. Rotducker: größer.

Lebensraum Trockenes Dickicht, Galeriewälder mit dichtem Unterholz.

Verhalten Meist nachtaktiv, in den kühlen Stunden auch tagsüber. Lebt in Paaren oder kleinen Gruppen von einem Männchen und bis zu 4 Weibchen und ihren Jungen. Männchen markiert ein Revier mit Drüsensekret und Kothaufen. Bei Gefahr läuft es hakenschlagend weg, wie ein Hase. Verwendet regelmäßig die selben Wildwechsel, dadurch leicht mit Schlingen zu fangen.

Nahrung Meist Laub, frisst verschiedenste Pflanzen.

Fortpflanzung Ein Junges, Geburtsgewicht ca. 750 g, Tragezeit etwa 180 Tage, Geburten ganzjährig. Junges bleibt in ersten Lebenswochen versteckt, nur zum Säugen kommt es hervor. Weibchen hat 2 inguinale Zitzenpaare.

Lebensdauer In Gefangenschaft 9 Jahre schriftlich belegt; in freier Natur kürzer.

Laute Bei Gefahr asthmatisch keuchendes Kreischen; „tschie-tschieh" Nies-Pfeifen; häufiges Schnauben.

Vorkommen In Mosambik häufig und weit verbreitet; sonst nur randständig im Osten der Region. Größte Populationen in Südafrika: Thembe Elephant Reserve (> 3 000), Phinda Resource Reserve (> 500), False Bay Park (ca. 350); auch in Ndumo, uMkhuze, Krüger.

<u>**Maße**</u>
Gewicht: 5.1–6.8 kg
(♂ im Mittel schwerer als ♀)
Schulterhöhe: 35 cm
Gesamtlänge: 68–75 cm
Schwanzlänge: 12 cm
Rekordhornlänge:
13.3 cm

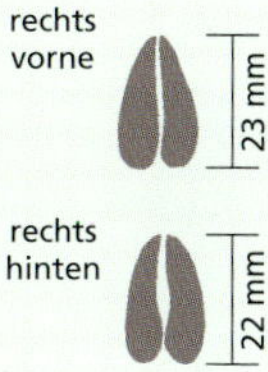

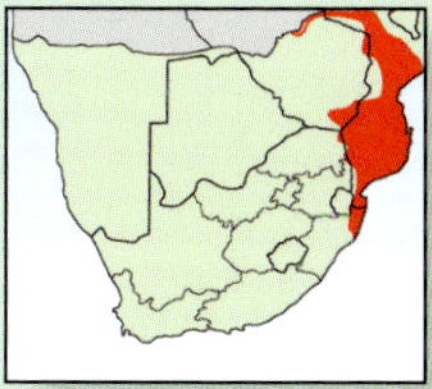

KLIPPSPRINGER

Oreotragus oreotragus

Afrikaans: *Klipspringer* **Englisch:** *Klipspringer* **Französisch:** *Oréotrague*

Kennzeichen Kleine, stämmige Antilope, sehr kurzer Schwanz; raues, fast stacheliges gelbbraunes, grau meliertes Fell. Unten heller, meist grauweiß oder bräunlich weiß. Ohren rund, breit mit schwarzem Rand, Haare innen weiß. Männchen trägt kurze, senkrechte Hörner, die weit auseinander stehen und nur am Ansatz gerillt sind. Steht und geht auf den Hufspitzen.
Ähnlich Rehantilope: viel größer. Sharpe-Greisbock (im Nordosten) und Kap-Greisbock (im Südwesten): beide viel röter, selten in offenem felsigen Terrain. Habitat unterschiedlich zu allen anderen Antilopen.
Lebensraum Zerklüftete felsige Gebiete; von isolierten Hügelgruppen bis zu den höchsten Bergketten, wie Drakensberge.
Verhalten An kühlen, bewölkten Tagen ganztägig, sonst in den kühlen Morgen- und Abendstunden aktiv. In Paaren oder kleinen Familiengruppen. Männchen verteidigt Revier sehr bestimmt. Gemeinschaftliche Kotplätze im Wohngebiet verteilt, dieses, abhängig vom Nahrungsangebot, zwischen 8 und 49 ha groß; beide Geschlechter markieren Zweige mit Sekret aus Voraugendrüsen. Sehr agil, sogar in sehr steilen und felsigen Gebieten.
Nahrung Frisst vor allem Laub, aber auch grünes Gras.
Fortpflanzung Ein Junges, Geburtsgewicht ca. 1 kg, Tragezeit etwa 210 Tage. Geburten ganzjährig. Junges bleibt bis zu 3 Monaten versteckt. Weibchen hat 2 inguinale Zitzenpaare.
Lebensdauer In Gefangenschaft 15 Jahre; wildlebend wahrscheinlich 6–8.
Laute Lauter, nasaler Pfiff, Schnauben.
Vorkommen In vielen Parks und Reservaten, wo immer passendes Habitat vorhanden. Etosha, Namib-Naukluft, Fish River (Namibia); Richtersveld, Augrabies, Namaqua, Cedarberg, Table Mountain, De Hoop, Garden Route, uMkhahlamba, Hluhluwe-Imfolozi, Krüger, Madikwe, Pilanesberg, Mapungubwe (Südafrika); Matobo, Hwange, Mana Pools (Simbabwe).

Maße
Gewicht: ♂ 10 kg; ♀ 13 kg
Schulterhöhe: 50–60 cm
Gesamtlänge: 80 cm–1 m
Schwanzlänge: 8 cm
Rekordhornlänge: 16.19 cm

rechts vorne

rechts hinten

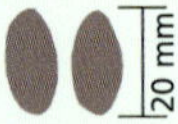

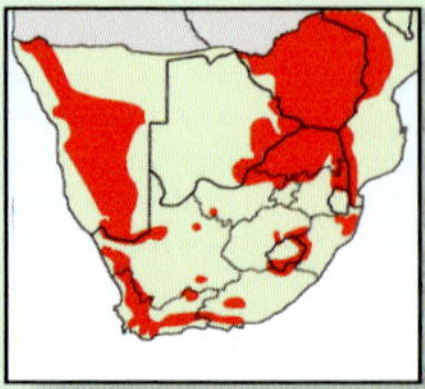

STEINBÖCKCHEN

Raphicerus campestris

Afrikaans: *Steenbok* **Englisch:** *Steenbok* **Französisch:** *Steenbok*

Kennzeichen Elegante Zwergantilope, große weiß umrandete Augen und große Ohren. Oben rötlichbraun oder kastanienbraun, unten weiß. Heller oder weißer Fleck an der Kehle. Schwanz sehr kurz und einförmig rötlichbraun. Nur Männchen trägt kurze, spitze, glatte, senkrecht stehende Hörner. 5 Unterarten wurden für die Region vorgeschlagen, sind aber noch nicht akzeptiert.
Ähnlich Oribi: größer, Schwanz hat schwarze Spitze, Ohren kleiner. Greisbock: längeres, weiß gesprenkeltes Fell.
Lebensraum Offenes Gelände mit leichter Deckung; in ariden Gebieten entlang ausgetrockneten Flussbetten. Nicht von Wasser abhängig.
Verhalten Ruht in den heißen Mittagsstunden in Deckung, frisst wenn kühler, auch in der Nacht, vor allem wo gestört oder gejagt. Einzeltiere, Paare oder Mutter mit Jungem. Beide Geschlechter verteidigen vehement ein gemeinsames Revier. Im Gegensatz zu anderen Antilopen uriniert und defäkiert es in eine mit den Hufen ausgekratzte Mulde und bedeckt sie dann. In idealem Habitat sehr zahlreich.
Nahrung Frisst Gras, Laub, Früchte und Schoten. Gräbt in Dürreperioden mit den Vorderhufen auch Wurzeln und Zwiebeln aus.
Fortpflanzung Ein Junges, Geburtsgewicht ca. 900 g, Tragezeit etwa 170 Tage, bleibt etliche Wochen bis zu 3 Monaten versteckt. Geburten ganzjährig, In manchen Gebieten Häufung im Sommer möglich. Weibchen hat 2 inguinale Zitzenpaare.
Lebensdauer In Gefangenschaft 10–12 Jahre, freilebend meist kürzer.
Laute Warnschnauben; weiches Blöken, vor allem zwischen Mutter und Jungem.
Vorkommen Sehr weit verbreitet in der gesamten Region, wo immer passendes Habitat; zahlreich sogar auf Farmland. Kommt in fast allen Naturschutzgebieten vor.

Maße
Gewicht: 9–13 kg
Schulterhöhe: 50 cm
Gesamtlänge: 75–90 cm
Schwanzlänge: 5 cm
Rekordhornlänge: 19.05 cm

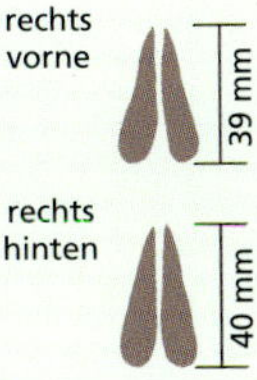

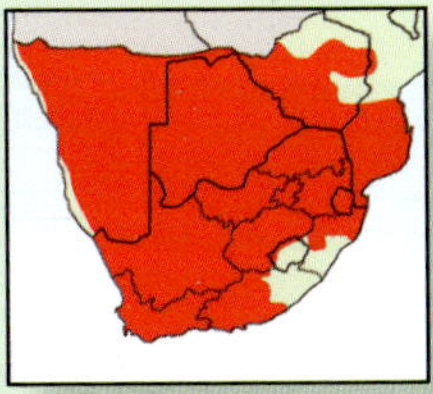

ORIBI

Ourebia ourebi

Afrikaans: *Oorbietjie* **Englisch:** *Oribi* **Französisch:** *Ourébi*

Kennzeichen Größte der Zwergantilopen. Oben gelb- bis orangebraun, unten und innen an den Keulen weiß. Hals ziemlich lang und schlank, mittelgroße Ohren. Kurzer Schwanz hat deutliche schwarze Spitze. Rückenhaare wirken gelockt. Nur Männchen trägt kurze, gerade und teilweise gerillte Hörner. Dunkle Drüse unter dem Ohr sichtbar. 3 Unterarten wurden in dieser Region beschrieben, sie basieren jedoch nur auf unwesentliche Farbunterschiede.

Ähnlich Steinböckchen: kleiner, glattes Fell, sehr kurzer rotbrauner Schwanz, große Ohren.

Lebensraum Offenes, kurzes Grasland mit stellenweise längerem Gras als Deckung.

Verhalten Meist tagaktiv. In Paaren oder kleinen Gruppen von einem Männchen und bis zu 4 Weibchen. Männchen sehr territorial, markiert Grashalme mit Sekret der Gesichtsdrüse; Kot wird in Gemeinschaftsplatz deponiert. Verlässt Wohngebiet sehr selten, selbst nicht in Notlagen. Läuft schnell, mit gelegentlichen steifbeinigen Sprüngen und stellt schwarze Schwanzspitze auf, nach einer kurzen Strecke bleibt es stehen und dreht sich um.

Nahrung Hauptsächlich Gras, nur gelegentlich Laub. Bevorzugt kurzes Gras; wechselt zu einem anderen Gebiet innerhalb des Reviers, wenn Gras zu lang wird.

Fortpflanzung Ein Junges, Geburtsgewicht im Durchschnitt 1.8 kg, Tragezeit etwa 210 Tage, Geburten ganzjährig, Häufung in der Regenzeit. Junges bleibt die ersten 3–4 Monate im langen Gras versteckt. Weibchen hat 2 inguinale Zitzenpaare.

Lebensdauer In Gefangenschaft bis zu 14 Jahren.

Laute Scharfes Pfeifen oder Niesen als Warnruf.

Vorkommen In KwaZulu-Natal Midlands und in den Drakensbergen (uKhahlamba) überleben vielleicht 3 000; weniger als 500 im Ostkap. Chobe (Botsuana); Gonarezhou (Simbabwe); Ithala, uKhahlamba (Südafrika).

<u>**Maße**</u>
Gewicht: 14–20 kg
(♀ im Durchschnitt 2 kg leichter als ♂)
Schulterhöhe: 60 cm
Gesamtlänge: 1.1 m
Schwanzlänge: 6–15 cm
Rekordhornlänge: 19.05 cm

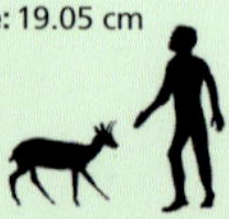

rechts vorne

rechts hinten

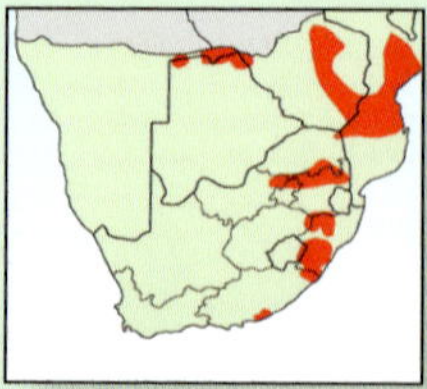

stark gefährdet (SA)

KAP-GREISBOCK

Raphicerus melanotis

Afrikaans: *Kaapse grysbok* **Englisch:** *Cape Grysbok* **Französisch:** *Grysbok, Raphicère du Cap*

Kennzeichen Kleine, untersetzte Antilope, Oberseite rotbraun mit weißen Haaren durchsetzt. An Flanken und Hals weniger weiße Haare; unten heller. Verhältnismäßig große graubraune Ohren mit weißen Haaren innen. Schwanz sehr kurz. Nur Männchen trägt kurze, glatte, leicht nach hinten gerichtete Hörner.
Ähnlich Sharpe-Greisbock: Verbreitung überschneidet sich nicht. Steinböckchen: kein Weiß im Fell, in offenem Habitat.
Lebensraum Lebt in dickem Gebüsch, fast ausschließlich im Fynbos, einschließlich mit Gestrüpp bedeckten Dünen, bewaldeten Schluchten an Berghängen, Busch an Flussläufen und mit niedrigem Busch bewachsenen Hügeln.
Verhalten Hauptsächlich nachtaktiv und heimlich, wenn wenig gestört auch morgens und abends aktiv, oder an kühlen, bewölkten Tagen. Meist einzeln, außer in der Paarungszeit oder Weibchen mit Jungem. Größe des Wohngebietes hängt von Jahreszeit und Nahrungsangebot ab. Männchen sehr reviertreu, Reviere klein, 0.01–0.09 km², keine Überschneidung. Wohngebiete der Weibchen können sich überschneiden. Ein Rangordnungssystem kann eine Rolle spielen. Reviere werden mit großen Kotplätzen und Sekret der Voraugendrüsen markiert.
Nahrung Vor allem Laub, manchmal Gras. In Weinbaugebieten nicht gern gesehen, frisst Triebe und junge Trauben.
Fortpflanzung Ein Junges, Geburtsgewicht ca. 850 g, Tragezeit etwa 180 Tage. Geburten gehäuft im Frühjahr und Sommer. Weibchen hat 2 inguinale Zitzenpaare.
Lebensdauer Ein Tier lebte 7 Jahre in Gefangenschaft.
Laute Weiches Blöken zwischen Weibchen und Jungem; tiefes Warnschnauben.
Vorkommen Namaqua, Cedarberg, West Coast, Table Mountain, Agulhas, De Hoop, Garden Route, Greater Addo (Südafrika).

Maße
Gewicht: 10 kg
Schulterhöhe: 54 cm
Gesamtlänge: 72–81 cm
Schwanzlänge: 5.5 cm
Rekordhornlänge: 13.34 cm (Südafrika)

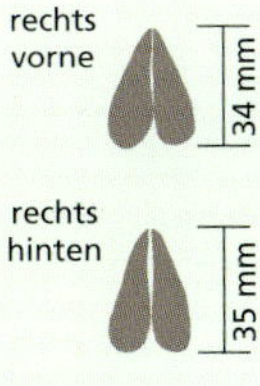

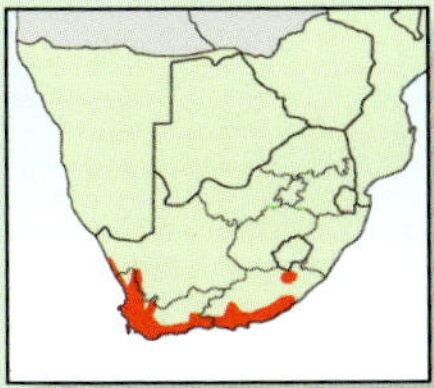

SHARPE-GREISBOCK

Raphicerus sharpei

Afrikaans: *Sharpe-grysbok* **Englisch:** *Sharpe's grysbok* **Französisch:** *Grysbok de Sharpe*

Kennzeichen Kleine, stämmige Antilope. Oben rotbraun, reichlich mit Weiß durchsetzt; wenig weiße Haare am Kopf, Hals und an den Läufen. Unten hellbraun bis gelblich weiß, nie rein weiß. Schwanz sehr kurz, gleiche Farbe wie Oberseite. Relativ kurze Beine. Nur Männchen trägt kurze, spitze, glatte, leicht nach hinten geneigte Hörner.

Ähnlich Steinböckchen: Fell nicht mit Weiß durchsetzt, in offenerem Biotop. Suni: weniger Weiß, längerer Schwanz, Hörner stark gerillt und mehr nach hinten geneigt. Blauducker: kleiner, einheitlich gefärbt, Schwanz auffallender.

Lebensraum Auf dicht bewachsene Gebiete angewiesen, oft in niedrigem Dickicht angrenzend an offene grasige Lichtungen. Häufig auf dichtbewachsenen felsigen Hügeln und im Gestrüpp an deren Fuß.

Verhalten Obwohl hauptsächlich nachtaktiv, auch öfter an kühlen und bewölkten Tagen gesehen. Einzelgänger, jedoch lebt ein Paar innerhalb des gleichen Wohngebiets in lockerer Verbindung. Männchen wahrscheinlich reviertreu, wenig ist bekannt. Reviere werden mit großen Kotplätzen markiert; Sekret der schwarzen Voraugendrüse wird auf Zweigspitzen und Pflanzenstängel gerieben.

Nahrung Frisst vor allem Blätter, Schoten, Früchte und Beeren, aber auch etwas Gras, gräbt auch mit den Vorderhufen Wurzeln und Zwiebeln aus.

Fortpflanzung Ein Junges, Tragezeit ca. 200 Tage, Geburtsgewicht etwa 900 g. Geburten ganzjährig, mit Häufung während der Regenfälle. Weibchen hat 2 inguinale Zitzenpaare.

Lebensdauer Unbekannt, wahrscheinlich mindestens 10 Jahre.

Laute Leises Blöken, selten gehört.

Vorkommen Auf den Nordosten der Region beschränkt; in Teilen Simbabwes und Mosambiks recht häufig. Mana Pools, Gonarezhou (Simbabwe); Mapungubwe, Krüger (Südafrika).

Maße
Gewicht: 7.5 kg
Schulterhöhe: 50 cm
Gesamtlänge: 65–80 cm
Schwanzlänge: 6 cm
Rekordhornlänge: 6.35 cm

rechts vorne

rechts hinten

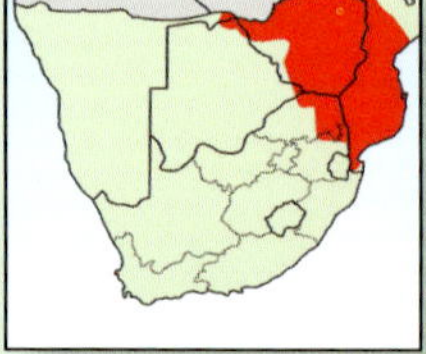

ROTDUCKER

Cephalophus natalensis

Afrikaans: *Rooiduiker* **Englisch:** *Red duiker* **Französisch:** *Céphalophe du Natal*

Kennzeichen Kleine, kräftige Antilope mit relativ kurzen Beinen und gewölbtem Rücken. Körperfarbe kräftig rotbraun bis kastanienbraun, oben etwas heller. Schwarz-weiße Schwanzspitze. Beide Geschlechter tragen kurze, spitze, nach hinten geneigte Hörner. Langer Haarschopf auf der Stirn, verdeckt Hörner oft. Manchmal 2 Unterarten anerkannt, jedoch nur leichte Farbunterschiede, sonst ähnlich.
Ähnlich Blauducker: viel kleiner, einheitlich blaugraues Fell. Sharpe-Greisbock und Suni: beide kleiner, Fell mit Weiß durchsetzt.
Lebensraum In den meisten Waldbiotopen, auch in angrenzenden Dickichten, an Berghängen und im Tiefland.
Verhalten Tagaktiv, ruht nachts in Deckung. Normalerweise einzeln, Paare leben jedoch in lockerer Verbindung in einem Wohngebiet. Manche Gebiete sehr dicht besiedelt. Kotplätze und Drüsensekrete markieren das Revier. Frisst oft abgefallene Pflanzenteile unter Bäumen, in denen Meerkatzen und Paviane fressen.
Nahrung Verschiedene Pflanzen, einschließlich Blätter, Blüten, Früchte und Samenkörner. Spießt die harte Frucht der Brechnuss (*Strychnos spinosa*) mit dem Horn gegen einen Stein oder Baumstamm, um sie zu öffnen. Frisst auch manchmal Insekten, Vögel, Kleinsäuger.
Fortpflanzung Ein Junges, Geburtsgewicht < 1 kg, Tragezeit wird auf 210 Tage geschätzt, kann aber < 200 liegen. Geburten ganzjährig. Weibchen hat 2 inguinale Zitzenpaare.
Lebensdauer Ein Tier 6 Jahre in Gefangenschaft; unbestätigter Bericht gibt 12 Jahre an.
Laute Pfeifen und zartes Schnauben.
Vorkommen Auf den Osten der Region beschränkt, mit Einzelpopulation in der Soutpansbergkette, Provinz Limpopo, Südafrika. iSimangaliso (St Lucia), uMkhuze, Hluhluwe-Imfolozi, Krüger (Südafrika); Banhine, Gorongoza (Mosambik).

__Maße__
Gewicht: 10–16 kg
Schulterhöhe: 45 cm
Gesamtlänge: 80 cm–1.1 m
Schwanzlänge: 9–15 cm
Rekordhornlänge:
10.48 cm (Ostafrika)

rechts vorne

rechts hinten

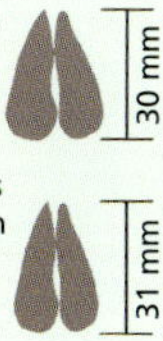

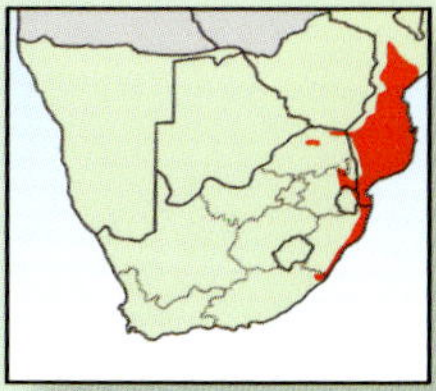

BLAUDUCKER *Cephalophus monticola*

Afrikaans: *Blouduiker* **Englisch:** *Blue duiker* **Französisch:** *Céphalophe bleu*

Kennzeichen Der kleinste Ducker, zart, gewölbter Rücken. Körperfarbe unterschiedlich, von hell schiefergrau bis dunkelbraun; darauf basiert die Unterscheidung von 3 Unterarten in der Region. Jedoch ähnliche Farbvariationen innerhalb einer Population möglich. Läufe haben andere Schattierung als der Körper, von braun oder graubraun. Hals und Brust oft heller. Beide Geschlechter tragen kurze, spitze Hörner, die oft vom Haarschopf verdeckt sind. Schwanz oben dunkel und unten weiß.

Ähnlich Rotducker: größer, unterschiedliche Farbe. Suni und Sharpe-Greisbock: mit Weiß durchsetzt.

Lebensraum Verschiedene Waldbiotope, einschließlich Küstenwäldern, Dünendickicht, Galerie- und Bergwäldern.

Verhalten Ausschließlich tagaktiv, meist in kühlen Morgen- und Nachmittagstunden. In Gebieten mit viel menschlicher Aktivität auch nachtaktiv. Gewöhnlich einzeln, Paare bewohnen kleines, dauerhaftes Revier, dieses wird mit Sekret der Voraugendrüse und kleinen Kothaufen markiert. Tiere wetzen auch die Hörner an Bäumen entlang der Reviergrenze. Zu Schlaf- und Futterplätzen führen Wechsel.

Nahrung Frisst wilde Früchte, Beeren, frische und abgefallene Blätter, Pilze; auch Tierprotein, vor allem Insekten.

Fortpflanzung Ein Junges, Geburtsgewicht ca. 400 g; Tragezeit wird auf 200 Tage geschätzt, manche Aufzeichnungen tendieren eher zu 165 Tagen. Geburten wahrscheinlich ganzjährig, Häufungen möglich. Weibchen hat 2 inguinale Zitzenpaare.

Lebensdauer Nicht bekannt, auf 7–10 Jahre geschätzt.

Laute Pfeifen, Schnauben; mit dem Huf aufstampfen.

Vorkommen Auf einen schmalen Küstenstreifen im Süden und eine weit entfernte Population in Zentralmosambik beschränkt. Garden Route, Greater Addo, Oribi Gorge, iSimangaliso (Südafrika).

Maße
Gewicht: 3.5–6 kg
Schulterhöhe: 35 cm
Gesamtlänge: 62–84 cm
Schwanzlänge: 7–12 cm
Rekordhornlänge: 7.3 cm (Ostafrika)

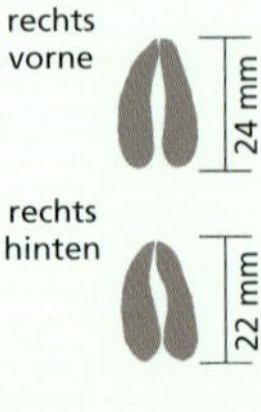

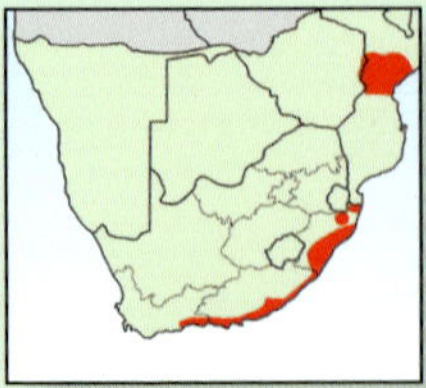

KRONENDUCKER

Sylvicapra grimmia

Afrikaans: *Gewone duiker* **Englisch:** *Common (grey) duiker* **Französisch:** *Céphalophe de Grimm*

Kennzeichen Kleine Antilope; steht und geht mit geradem Rücken, nicht gewölbt wie die beiden anderen Duckerarten. Schmaler Kopf, mit schwarzem Längsstreif, langer Haarschopf oben auf dem Kopf. Aufgrund unterschiedlicher Fellfarbe wurden bis zu 6 Unterarten beschrieben, es ist unwahrscheinlich, dass alle gültig sind. Farbe meist hellgrau bis rotbraun und dunkelbraun. Unten heller bis weiß. Beine vorne dunkler. Männchen trägt quergerillte, spitze, nach hinten geneigte Hörner.
Ähnlich Rot- und Blauducker: Gehen mit gewölbtem Rücken, teilen selten das selbe Habitat. Sharpe-Greisbock: kürzere Beine, kleiner, Fell mit Weiß durchsetzt.
Lebensraum Hauptsächlich Baumsavanne, Dickicht und locker mit Büschen bewachsenes Land.
Verhalten Nachtaktiv, aber auch in den kühleren Tagesstunden. Einzeln oder in Paaren. In Gebieten mit hoher Dichte können etliche Tiere nahe beieinander fressen. Männchen verteidigt und markiert Revier, in dem ein Weibchen mit ihm lebt. Männchen vertreibt andere Männchen, Weibchen verjagt andere Weibchen. Wohngebiete zwischen 6 und 27 ha groß.
Nahrung Große Vielfalt von Pflanzen; sucht und frisst auch Termiten, Heuschrecken und Junge von am Boden nistenden Vögeln.
Fortpflanzung Ein Junges, Geburtsgewicht ca. 1.6 kg, Tragezeit etwa 190 Tage. Geburten ganzjährig, Häufung in der Regenzeit. Weibchen hat 2 inguinale Zitzenpaare.
Lebensdauer In Gefangenschaft fast 12 Jahre; wildlebend wohl 6–8 Jahre.
Laute Meist still; Blöken und weiches Schnauben. Wird er angefasst, stößt er einen grauenhaften Schrei aus.
Vorkommen Kommt fast überall in der Region vor, außer in der Namibwüste und einigen Gebieten mit unpassendem Habitat. In den meisten Naturschutzgebieten anwesend.

<u>Maße</u>
Gewicht: ♂ 18 kg; ♀ 21 kg
Schulterhöhe: 50 cm
Gesamtlänge: 90–135 cm
Schwanzlänge: 10–22 cm
Rekordhornlänge: 18.1 cm

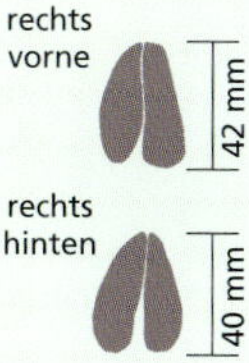

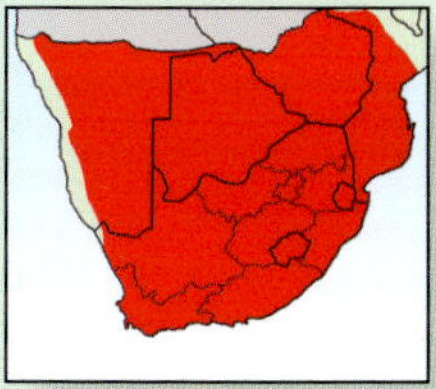

AFRIKANISCHER ELEFANT *Loxodonta africana*

Afrikaans: *Olifant* **Englisch:** *Savanna (African) elephant* **Französisch:** *Éléphant de savane d'Afrique*

Kennzeichen Groß und massig, langer Rüssel, große Ohren, Stoßzähne. Diese werden meist von beiden Geschlechtern getragen, manche Tiere sind jedoch stoßzahnlos. Graubraune haarlose Haut, die nach einem Schlamm- oder Staubbad die Farbe der Erde annimmt.
Ähnlich Unverkennbar.
Lebensraum In verschiedensten Biotopen: Küstengebiete, Tiefland- und Bergwälder, verschiedene Savannentypen, Sümpfe, Halbwüsten und Wüsten. In letzteren hauptsächlich entlang der Flussläufe, überquert aber auch Sanddünen.
Verhalten Tag- und nachtaktiv. Familiengruppen besitzen Wohngebiete von 15 km^2 bis > 50 km^2, ein erwachsener Bulle kann viel größere Gebiete durchwandern. Kleine Familiengruppen bestehen aus einer älteren Kuh (Matriarchin) und deren Nachfahren, verwandte Kühe und ihre Kälber schließen sich zu größeren Gruppen zusammen. Herden können zeitweise bis in die Hunderte zählen, matriarchalische Gruppen bleiben intakt. Bullen oft einzeln oder in kleinen Gruppen, testen die Kühe der Familiengruppen auf Empfängnisbereitschaft. Ausgeprägtes Kommunikationssystem.
Nahrung Eine Vielfalt von Pflanzen und Pflanzenteilen, auch Gras. In manchen Gebieten (z. B. Chobe, Krüger) hat die hohe Anzahl Elefanten zu Habitatzerstörung geführt.
Fortpflanzung Ein Kalb, Geburtsgewicht ca. 120 kg, Tragezeit 22 Monate, Geburten ganzjährig. Kuh hat 1 Paar Milchdrüsen an der Brust.
Lebensdauer Bis zu 60 Jahren.
Laute Rollender Knurrlaut, Trompeten, Schreie, Kalb quietscht.
Vorkommen Skeleton Coast, Etosha, Khaudom, Caprivi (Namibia); Chobe, Okavango, Moremi (Botsuana); Hwange, Mana Pools, Gonarezhou (Simbabwe); Mapungubwe, Krüger, Hluhluwe-Imfolozi, Madikwe, Pilanesberg, uMkhuze, Thembe, Greater Addo (Südafrika).

Maße
Gewicht: ♂ 5 000–6 500 kg; ♀ 2 800–3 500 kg
Schulterhöhe: ♂ 3.2–4 m; ♀ 2.5–3.4 m
Gesamtlänge: ♂ 7–9 m; ♀ 6.5–8.5 m
Schwanzlänge: 1.5 m
Rekordgewicht Stoßzähne: 1 Bulle 102.3 kg, 97 kg (Kenia)

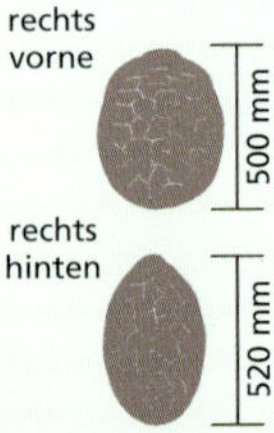

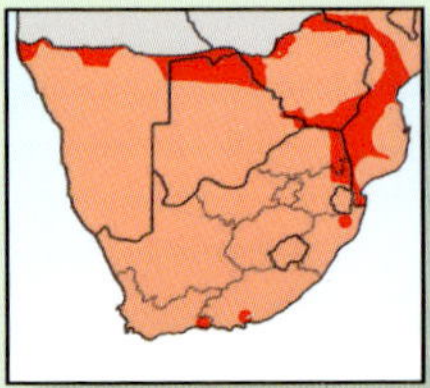

KAPFUCHS

Vulpes chama

Afrikaans: *Silwervos* **Englisch:** *Cape fox* **Französisch:** *Renard du Cap*

Kennzeichen Einziger echter Fuchs in der Region. Klein und schlank, relativ lange Beine, große, zugespitzte Ohren. Oberseite silbergrau meliert, Gesicht, Ohren hinten und Beine unten hellrötlich braun. Ohrmuscheln innen weiß behaart, buschiger Schwanz hat schwarze Spitze und ist dunkler als Körper. Unterseite schmutzig weiß oder sehr hell rehbraun.

Ähnlich Löffelfuchs: dunkler, größere Ohren, schwarze Beine. Schabrackenschakal: viel größer, deutliches Fellmuster.

Lebensraum Offene Gebiete mit Grasland und niedrigem, trockenem Gestrüpp. Im Südwesten auch im Fynbos; in landwirtschaftlich genutzten Ländereien und in der Namibwüste.

Verhalten Vor allem nachtaktiv, wenn wenig gestört auch in der Morgen- und Abenddämmerung. Lebt in Paaren, Fuchs und Füchsin suchen jedoch getrennt Nahrung. Obwohl beschrieben wird, dass etliche Tiere einen Bau teilen, handelt es sich dabei wohl um ein Paar mit den schon fast erwachsenen Jungen. Baue werden in Erdlöchern angelegt (meist sind diese von anderen Tieren ausgegraben) oder in dichter Vegetation, in Felsspalten und Geröllhalden. Wohngebiet meist zwischen 1 und 4.6 km^2 groß. Welpen suchen von der 16. Woche an selbst Futter, bleiben aber bis zum 5. Monat bei der Mutter.

Nahrung Kleine Nagetiere, junge Hasen, Wirbellose, Reptilien, Vögel und auch wilde Früchte; auch Aasfresser. Sehr selten töten sie neugeborene Schafe.

Fortpflanzung 1–5 Junge in einem Wurf (Durchschnitt 3), Tragezeit 50–52 Tage, Geburt im Frühling und Sommer (August - November). Füchsin hat 1 Paar inguinale und 2 Paar abdominale Zitzen.

Lebensdauer Wahrscheinlich 6–9 Jahre.

Laute Scharfes kurzes Bellen; hochfrequentes wiederholtes Heulen.

Vorkommen Fast endemisch in der Region. In so gut wie allen Naturschutzgebieten.

Maße
Gewicht: 2.5–4 kg
Schulterhöhe: 30–36 cm
Gesamtlänge: 86–97 cm
Schwanzlänge: 23–34 cm

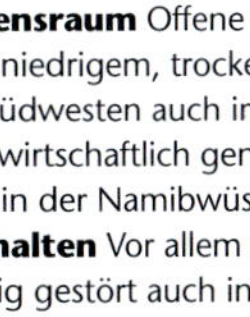

rechts vorne

rechts hinten

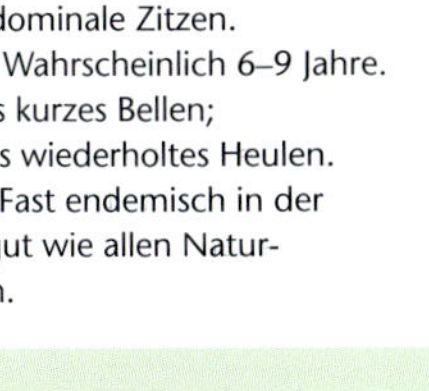

LÖFFELHUND (LÖFFELFUCHS) *Otocyon megalotis*

Afrikaans: *Bakoorjakkals* **Englisch:** *Bat-eared fox* **Französisch:** *Otocyon, Renard à oreilles de chauve-souris*

Kennzeichen Kleines, schackalähnliches Tier der Hundefamilie; lange, dünne Beine und lange, zugespitzte Schnauze. Ohren sehr lang (14 cm), hinten schwarz, innen ein Kranz aus weißen Haaren. Körper mit ziemlich langen silbergrau melierten Haaren bedeckt, manchmal mit bräunlicher Tönung; Beine unten dunkler bis schwarz. Silberweiße und schwarze „Gesichtsmaske“. Buschiger Schwanz, oben und an der Spitze schwarz.
Ähnlich Kapfuchs: viel heller, keine „Gesichtsmaske“. Beide Schakale der Region: größer, deutliche Zeichnung.
Lebensraum Offene Savanne mit kurzem Gestrüpp, Grasebenen, leicht bewaldete Gebiete und Halbwüsten.
Verhalten Tag- und nachtaktiv, hängt vom Ausmaß der Störung und auch manchmal von der Jahreszeit ab. Zieht sich in den heißesten Stunden des Tages in den Schatten zurück. Kann Bau selbst graben, übernimmt jedoch meist einen von anderen Tieren gegrabenen. Typisch in Gruppen von 2–6 Tieren, bestehend aus einem Paar (lebenslange Bindung) und dessen Jungen der jeweiligen Saison. Bleibt auf Nahrungssuche wiederholt stehen, um mit den zu Boden gerichteten großen Ohren nach unterirdischer Beute zu horchen.
Nahrung Insekten, vor allem Termiten und zahlreiche kleine Wirbeltiere. Beeren verschiedener Büsche sind zu gewissen Jahreszeiten als Nahrung wichtig.
Fortpflanzung Ein Wurf mit 1–6 (meist 2–4) Welpen, Geburtsgewicht 100–150 g, Tragezeit 60–75 Tage. Geburten in der Region meist von September bis November. Weibchen hat 2 inguinale Zitzenpaare.
Lebensdauer In Gefangenschaft 13 Jahre; freilebend viel kürzer.
Laute Knurren-Fauchen in Kombination; hohes Bellen; Junges in Notlage zirpt.
Vorkommen Weit verbreitet in der ganzen Region.

Maße
Gewicht: 3–5 kg
Schulterhöhe: 30–40 cm
Gesamtlänge: 75–90 cm
Schwanzlänge: 23–34 cm

rechts vorne

rechts hinten

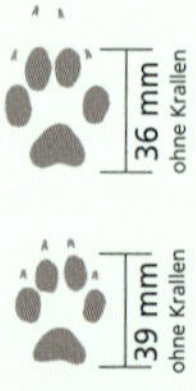

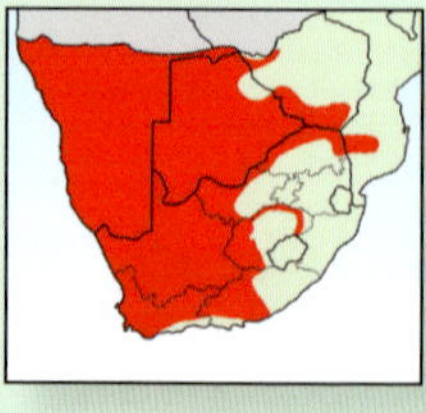

SCHABRACKENSCHAKAL

Canis mesomelas

Afrikaans: *Rooijakkals* **Englisch:** *Black-backed jackal* **Französisch:** *Chacal à chabraque*

Kennzeichen Mittelgroß, hundähnlich. Typische, schwarze Schabracke („Satteldecke"), die an den Schultern breit ist und zum Steiß hin schmaler wird, das Schwarz ist mit weißen Haaren durchsetzt. Gesicht, Flanken und Beine rötlichbraun. Lippen, Kehle und Brust meist weiß (manchmal auch Unterseite). Ohren ziemlich groß, zugespitzt und hinten rötlich. Schwanz fast schwarz, heller an der Wurzel.
Ähnlich Streifenschakal: weißer Flankenstreifen, kürzere Ohren, weiße Schwanzspitze. Größer als Kap- und Löffelfuchs, auch unterschiedlich gezeichnet.
Lebensraum Von der Wüste bis zu üppigem Berggrasland; zieht trockene Gebiete vor, kommt aber in Gegenden mit hohen Niederschlägen vor.
Verhalten Wo er mit Menschen in Konflikt gerät, ist er nachtaktiv; sonst auch in den kühleren Stunden des Tages unterwegs. Vor allem einzeln und in Paaren, auch manchmal in Familiengruppen. Paare gehen lebenslange Bindungen ein, beide markieren und verteidigen ein Revier. Größe des Wohngebietes hängt vom Nahrungsangebot und Störungsausmaß ab. Um Welpen aufzuziehen, helfen den Eltern oft die Jungen der vorigen Saison.
Nahrung Junge Antilopen, Nagetiere, Vögel, Reptilien, Insekten, Früchte (wild und angebaut) und Aas. In Schafzuchtgebieten töten manche Tiere auch Schafe und Lämmer.
Fortpflanzung 1–8 (meist 3–4) Welpen in einem Wurf, Tragezeit ca. 60 Tage, Geburtsgewicht im Durchschnitt 165 g. Geburten von Juli bis Oktober. Weibchen hat 2 inguinale Zitzenpaare.
Lebensdauer Wildlebend bis zu 7 Jahren.
Laute Ein für die Region typischer Ruf: schreiendes Heulen, in 3–4 scharfen Kläfflauten endend, oft wiederholt. Männchen ruft in der Paarungszeit oft (April-August).
Vorkommen Fast in der gesamten Region, in den meisten Naturschutzgebieten.

Maße
Gewicht: 6–12 kg (♂ im Durchschnitt schwerer als ♀)
Schulterhöhe: 30–48 cm
Gesamtlänge: 71 cm–1.3 m
Schwanzlänge: 26–40 cm

rechts vorne

rechts hinten

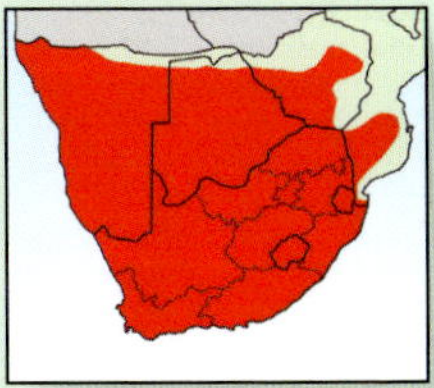

STREIFENSCHAKAL

Canis adustus

Afrikaans: *Witkwasjakkals* **Englisch:** *Side-striped jackal* **Französisch:** *Chacal à flancs rayés*

Kennzeichen Wirkt von Weitem einfarbig grau, Beine eher braun. In der Nähe heller Flankenstreifen mit dunkelgrauem oder schwarzem Rand gut sichtbar. Unterseite und Kehle meist heller. Schwanz buschig, meist schwarz, mit deutlicher weißer Spitze. Ohren kleiner als die des Schabrackenschakals.

Ähnlich Schabrackenschakal: dunkle Schabracke, längere Ohren, Schwanzspitze nicht weiß.

Lebensraum Bevorzugt wasserreiche Gebiete mit Büschen, lebt nicht in Wäldern; vermeidet offene Gebiete.

Verhalten Vor allem nachtaktiv, aber auch an kühlen, bewölkten Tagen. Man sieht oft Einzeltiere, aber auch Paare und Familiengruppen. Wohngebiet und meist kleineres, verteidigtes Revier werden von einem Paar bewohnt; Wohngebiete geräumig, in einer Studie in der Region wurden 18–19 km² gemessen, größer als die der Schabrackenschakale im selben Gebiet. Scheuer und mehr nachtaktiv als der Schabrackenschakal; wenig ist über ihr Verhalten bekannt.

Nahrung Sehr abwechslungsreich, noch mehr Allesfresser als Schabrackenschakal: kleine Säugetiere, Vögel, Reptilien, Insekten, Aas und wilde Früchte und Beeren in großen Mengen. Fressen auch angebauten Mais, Kürbisse und Erdnüsse.

Fortpflanzung 3–6 Welpen (Tragezeit 57–70 Tage, Geburtsgewicht im Durchschnitt 200 g) werden zwischen August und Januar geboren, in Bauen die von anderen Tieren ausgegraben und dann verlassen wurden. Weibchen hat 2 inguinale Zitzenpaare.

Lebensdauer In Gefangenschaft 10–12 Jahre; freilebend wahrscheinlich kürzer.

Laute In der Nacht ein eulenähnlicher Schrei; explosives „bwaah“, Kichern; Welpe winselt.

Vorkommen Caprivi (Namibia); Chobe, Moremi, Okavango (Botsuana); Hwange, Mana Pools, Gonarezhou (Simbabwe); Krüger, iSimangaliso (Südafrika); Banhine, Gorongoza (Mosambik).

Maße
Gewicht: 7.5–12 kg
Schulterhöhe: 40–48 cm
Gesamtlänge: 96 cm–1.2 m
Schwanzlänge: 30–40 cm

rechts vorne

rechts hinten

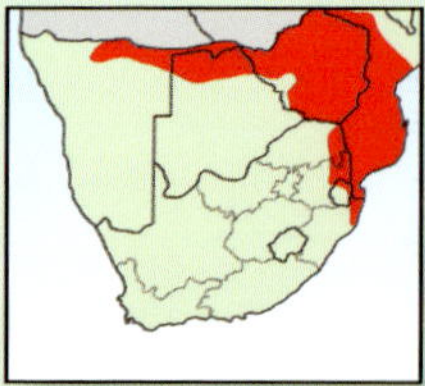

AFRIKANISCHER WILDHUND *Lycaon pictus*

Afrikaans: *Wildehond* **Englisch:** *African wild dog* **Französisch:** *Lycaon, Cynhyène*

Kennzeichen In der Größe dem Deutschen Schäferhund ähnlich, aber leichter gebaut und mit längeren Beinen. Körper unregelmäßig weiß, schwarz, braun und gelbbraun gefleckt; jedes Tier hat individuelles Muster. Schnauze schwarz, schwarze Linie läuft weiter bis zwischen die Ohren, diese sind groß, rund und dunkel; buschiger Schwanz hat meist weiße Spitze.
Ähnlich Kaum zu verwechseln. Tüpfelhyäne: schwerer, unterschiedlich gezeichnet; Schakale: kleiner.
Lebensraum Offene und leicht bewaldete Savanne, Gebiete mit mäßiger Buschdeckung, selten Waldränder.
Verhalten Gejagt wird fast nur tagsüber. Soziales Tier, lebt in Rudeln von 10–15 Erwachsenen und Halbwüchsigen. Rudel bestehen aus etlichen verwandten Männchen, und einem oder mehreren verwandten Weibchen ursprünglich von einem anderen Rudel. Nur das ranghöchste Weibchen zieht einen Wurf erfolgreich auf. Die Tiere arbeiten auf der Jagd sehr gut zusammen.
Nahrung Mittelgroße Säugetiere, hauptsächlich Antilopen. Vor allem Springbock, Impala, Großer Kudu, Kronenducker und Großer Riedbock.
Fortpflanzung 7–10 Welpen werden in den trockenen Wintermonaten (März-September) geboren. Tragezeit 69–73 Tage, Geburtsgewicht im Durchschnitt 365 g. Alle Rudelmitglieder beaufsichtigen abwechselnd die Jungen am Bau und würgen Nahrung für sie hoch. Weibchen hat 6–8 Zitzenpaare.
Lebensdauer Freilebend 10–11 Jahre.
Laute Ein weitreichendes glockenähnliches „huuh-huut“, Bellen, Knurren, Winseln und Zwitschern.
Vorkommen Khaudom, Caprivi (Namibia); Chobe, Moremi, Okavango, Nxai Pan (Botsuana); Hwange, Mana Pools, Gonarezhou (Simbabwe); Krüger, Mapungubwe, Madikwe, Pilanesberg, Hluhluwe-Imfolozi, iSimangaliso, Kwandwe, Greater Addo (Südafrika).

Maße
Gewicht: 17–25 kg
Schulterhöhe: 60–75 cm
Gesamtlänge: 1.05–1.5 m
Schwanzlänge: 30–40 cm

rechts vorne

rechts hinten

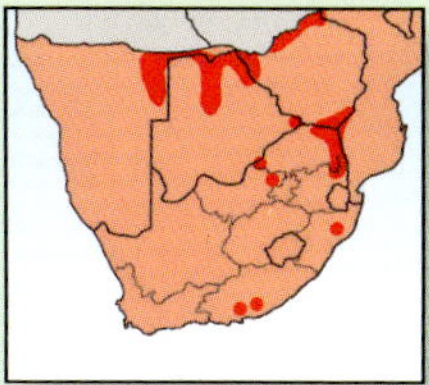

stark gefährdet

KAP-FINGEROTTER

Aonyx capensis

Afrikaans: *Groototter* **Englisch:** *Cape clawless otter* **Französisch:** *Loutre à joues blanches du Cap*

Kennzeichen Der größere der beiden Otter. Fell dunkelbraun, nur von den Lippen bis zur Brust weiß; wirkt fast schwarz wenn nass. Beine kurz und kräftig; Schwanz lang und an der Wurzel kräftig, zur Spitze hin dünner. Zehen fingerähnlich, ohne Krallen und nur kurze Schwimmhäute. An Land geht er mit gewölbtem Rücken.
Ähnlich Fleckenhalsotter: viel kleiner, weiße Flecken an Kehle und Brust. Sumpfmanguste: viel kleiner, zottiges Fell.
Lebensraum Flüsse, Flussmündungen, Seen, Sümpfe, Küstengewässer und Stauseen. Wandert häufig etliche Kilometer vom Wasser weg, um zu jagen oder passenderen Aufenthaltsort zu finden.
Verhalten Vor allem in Dämmerung aktiv, kann jedoch zu jeder Tages- oder Nachtzeit gesehen werden. Meist einzeln, aber auch in Paaren oder kleinen Familiengruppen. Ruht in dichter Vegetation oder selbst ausgegrabenen Erdlöchern nahe am Wasser. Latrinen mit Anhäufung von grauweißem Kot weisen auf seine Anwesenheit hin. Orientiert sich unter Wasser auf Sicht, kann aber auch in trübem Wasser jagen, da er mit seinen Fingern Beute sehr gut ertasten kann.
Nahrung Krabben, Fische, Frösche und auch kleine Säugetiere, Vögel, Insekten und Süßwassermuscheln.
Fortpflanzung 1–3 (meist 1–2) Junge, Geburtsgewicht 200 g, Tragezeit 60–65 Tage. Die meisten Geburten in der Region März bis August. Weibchen hat 2 abdominale Zitzenpaare.
Lebensdauer Ein Tier lebte 15 Jahre in Gefangenschaft; über freilebende Tiere nichts bekannt.
Laute Gutes Vokabular; aggressives Miauen und Heulen führt zu lautem „kwah-ah-ah-kwaaaah" Bellen; Kontaktpfeifen.
Vorkommen Caprivi (Namibia); Chobe, Okavango (Botsuana); Gonarezhou (Simbabwe); Krüger, Ithala, uKhahlamba, Great Fish, Greater Addo, Garden Route, Karoo, De Hoop, Agulhas, West Coast, Cedarberg (Südafrika).

Maße
Gewicht: 10–18 kg (max. 25 kg)
Schulterhöhe: 35 cm
Gesamtlänge: 1.1–1.6 m
Schwanzlänge: 50 cm

rechts vorne

rechts hinten

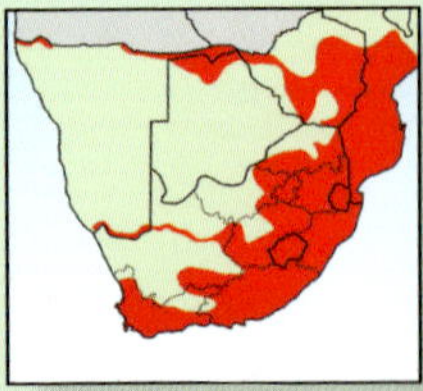

FLECKENHALSOTTER *Lutra maculicollis*

Afrikaans: *Kleinotter* **Englisch:** *Spotted-necked otter* **Französisch:** *Loutre à cou tacheté*

Kennzeichen Kleinerer der beiden Otter; langer, schlanker Körper und abgeflachter Schwanz. Füße mit vollentwickelten Schwimmhäuten, jede Zehe hat eine Kralle. Körperfarbe dunkelbraun bis rotbraun, wirkt schwarz wenn nass. Kehle und Brust oben unterschiedlich stark weiß oder hell gefleckt.

Ähnlich Kap-Fingerotter: viel größer, einheitlich weiße Kehle. Sumpfmanguste: gleichgroß, aber zottiges Fell und behaarter Schwanz, schwimmt selten.

Lebensraum Flüsse, Seen, Sümpfe, Stauseen; enger an Wasser gebunden als der Kap-Fingerotter.

Verhalten Tagaktiv. Normalerweise in Gruppen von 2–6 Tieren, größere Gruppen kommen jedoch vor. Mitglieder der Gruppe bleiben laufend mit Pfeifen in Kontakt. Im Wasser sehr agil und spielerisch, bewegen sich ähnlich wie Delfine und jagen sich gegenseitig. Kotpillen (kleiner als die des Kap-Fingerotters) werden in regelmäßig besuchten Latrinen nahe am Wasser abgelegt. Meist fangen sie ihre Beute im Wasser, bringen sie jedoch zum Fressen ans Ufer. Jagt auf Sicht, ist daher sehr auf klares Wasser angewiesen und verschwindet bald, wenn das Wasser wegen Bodenerosion zu trüb wird. Etliche Flüsse in Südafrika, in denen einst dieser Otter lebte, sind nun zu verschmutzt und verschlammt, um den Tieren passenden Lebensraum zu bieten.

Nahrung Vor allem Fisch, aber auch Krabben, Insekten, Frösche und Vögel.

Fortpflanzung 2–3 Junge, Tragezeit ca. 60 Tage. Geburten wohl ganzjährig, keine Daten für die Region vorhanden. Weibchen hat 2 abdominale Zitzenpaare.

Lebensdauer Unbekannt.

Laute Pfeifen, miauendes „jeh-eh-eh-eh", Quietschen und Zwitschern.

Vorkommen Aus etlichen verschmutzten und verschlammten Flüssen Südafrikas verdrängt. Caprivi (Namibia); Chobe, Moremi, Okavango (Botsuana); Krüger, uKhahlamba (Südafrika).

Maße
Gewicht: 3–5 kg
Schulterhöhe: < 30 cm
Gesamtlänge: < 1 m
Schwanzlänge: 30–50 cm

rechts vorne

rechts hinten

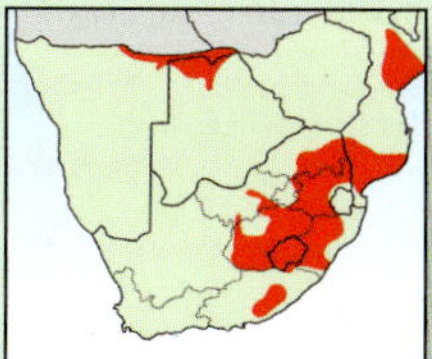

HONIGDACHS

Mellivora capensis

Afrikaans: *Ratel* **Englisch:** *Honey badger (Ratel)* **Französisch:** *Ratel, Zorille du Cap*

Kennzeichen Stämmig gebaut, relativ kurze Beine, kurzer, buschiger Schwanz, der meist beim Gehen aufrecht gehalten wird. Oberseite silbriggrau, Unterseite, Beine und Gesicht schwarz. Weißer Streifen trennt Ober- von Unterseite, trifft oben am Kopf und hinten am Schwanz zusammen. Füße groß und kräftig, lange Krallen an den Vorderbeinen. Augen ziemlich klein, Ohren winzig.
Ähnlich Zorilla: viel kleiner.
Lebensraum Bewohnt fast alle Biotope, bevorzugt jedoch felsige Hügel, offene Savannen und Flussniederungen. Auch in allen Küstenebenen außer in Namibia.
Verhalten Meist nachtaktiv, kann auch in der kühleren Tageszeit gesehen werden. Meist einzeln, auch in Paaren oder Weibchen mit Jungen. Zäh und manchmal aggressiv; Angriffe auf große Tiere wie Elefanten und Büffel und auch auf Menschen sind bekannt, allerdings nur, wenn er sich bedroht oder provoziert fühlt.
Nahrung Hauptsächlich Wirbellose (Insekten, Spinnen, Skorpione), auch Nagetiere, Reptilien, Vögel, Aas und wilde Früchte. Der Name stammt von der Gewohnheit, in Bienenstöcke einzubrechen und Honig und Bienenlarven zu fressen.
Fortpflanzung Wurf mit 1–2 Jungen, Tragezeit 62–74 Tage, Geburtsgewicht ca. 100 g. Nur unzureichendes Wissen verfügbar, Geburten scheinen ganzjährig stattzufinden. Oft wird nur 1 Junges erfolgreich aufgezogen. Weibchen hat 2 inguinale Zitzenpaare.
Lebensdauer In Gefangenschaft 26 Jahre.
Laute Knurren, Grunzen, Bellen, Winseln.
Vorkommen Etosha, Khaudom, Caprivi (Namibia); Chobe, Okavango, Nxai Pan, Makgadikgadi, Central Kalahari (Botsuana); Gonarezhou, Hwange, Mana Pools (Simbabwe); Banhine, Gorongoza (Mosambik); Krüger, Mapungubwe, Madikwe, Marokele, Pilanesberg, Kgalagadi, Augrabies, Namaqua, West Coast, Agulhas, Garden Route, Greater Addo, Ithala, uMkhuze (Südafrika).

Maße
Gewicht: 8–14 kg
Schulterhöhe: 30 cm
Gesamtlänge: 90–100 cm
Schwanzlänge: 18–25 cm

rechts vorne

rechts hinten

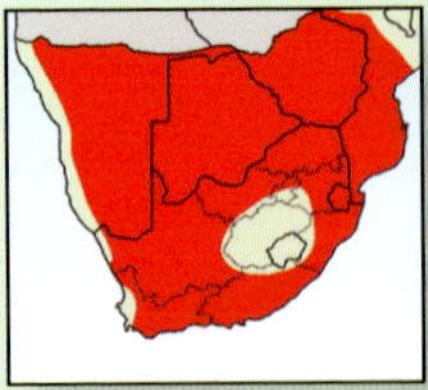

ZORILLA

Ictonyx striatus

Afrikaans: *Stinkmuishond* **Englisch:** *Striped polecat* **Französisch:** *Zorille commun*

Kennzeichen Auffallende Schwarzweißzeichnung warnt potentielle Angreifer. Langes, schwarzglänzendes Fell, mit 4 deutlichen weißen Streifen vom Kopf über Rücken und Seiten zur Schwanzwurzel. Weißer Tupfen auf der Stirn zwischen den Augen, größerer weißer Fleck unter jedem Ohr. Schwanz überwiegend weiß, schwarzer Hintergrund schimmert durch. **Ähnlich** Nur Weißnackenwiesel (*Poecilogale albinucha*), im Osten der Region; kleiner, sehr kurze Beine, kurzes Fell, durchgehend weiße Kappe am Kopf. **Lebensraum** Alle Biotope, außer dichten Wäldern und Namibwüste. **Verhalten** Ausschließlich nachtaktiv. Meist einzeln, aber auch in Paaren oder ein Weibchen mit Jungen. Tagsüber sucht er Schutz in Erdlöchern, die von anderen Tieren gegraben wurden, zwischen Felsen, in dichtem Gestrüpp oder sogar in Gebäuden. Wenn er keinen Unterschlupf findet, gräbt er sich auch selbst einen Bau. Seine Hauptverteidigung ist das übelriechende Sekret aus der Analdrüse, das er auf seinen Angreifer sprüht; im Extremfall stellt er sich tot. **Nahrung** Hauptsächlich Insekten und Nagetiere, aber auch andere kleine Tiere. **Fortpflanzung** 1–5 (meist 1–3) Junge in einem Wurf, Geburtsgewicht 10–15 g, Tragezeit 36 Tage. Geburten wahrscheinlich meistens im Sommer, jedoch einige Geburten im Winter aufgezeichnet. Geschlechtsakt kann weit über eine Stunde dauern. Weibchen hat 1 inguinales und 1 abdominales Zitzenpaar. **Lebensdauer** In Gefangenschaft 5 ½ Jahre. **Laute** Knurren, bellendes Schreien, hohes Schreien; Junge schnurr-zwitschern; wird selten gehört, außer bei Bedrohung. **Vorkommen** Kommt in fast allen Naturschutzgebieten vor und auch außerhalb. In der Region weitverbreitet, passt sich auch gut an von Menschen beeinflusste Biotope an. Oft tot auf den Straßen.

Maße
Gewicht: 600 g–1.4 kg (♂ größer als ♀)
Schulterhöhe: 10–15 cm
Gesamtlänge: 57–67 cm
Schwanzlänge: 26 cm

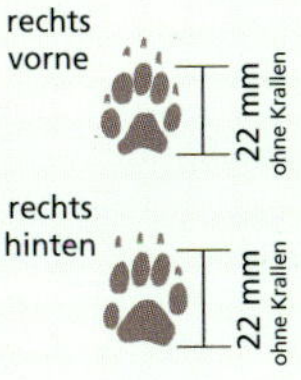

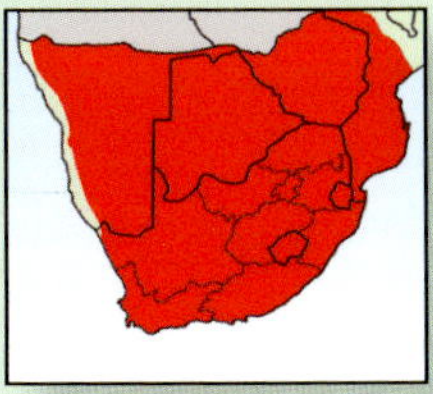

ZEBRAMANGUSTE

Mungos mungo

Afrikaans: *Gebande muishond* **Englisch:** *Banded mongoose* **Französisch:** *Mangouste rayée*

Kennzeichen Ziemlich klein, deutliche Zeichnung. Körperfarbe grau meliert oder graubraun, mit 10–12 dunkelbraunen oder schwarzen Querstreifen auf dem Rücken von knapp hinter der Schulter bis zur Schwanzansatz. Schwanz buschig, zur Spitze hin dunkler. Kopf lang und zugespitzt, Ohren kurz und rund. Zwei Unterarten (allerdings zweifelhaft): hellere Tiere im Nordwesten, dunklere im Südosten.

Ähnlich Surikate: jedoch kaum örtliche Überschneidung.

Lebensraum In verschiedensten Biotopen, vermeidet sehr trockene Gebiete, d.h. mit < 500 mm Niederschlag.

Verhalten Ausschließlich tagaktiv, verbringt die Nacht in Erdlöchern, oft in Termitenhügeln, mehrere innerhalb des Wohngebiets in Benutzung. Gesellig, in Gruppen von 5–30 Tieren, oder mehr. Größe des Wohngebiets abhängig von Zahl der Gruppenmitglieder und dem Nahrungsangebot, von 80 ha bis über 400 ha. Treffen Gruppen aufeinander, kann es zu Konflikten kommen, Reviere werden jedoch nicht verteidigt. Markieren Felsen, Baumstämme und andere Gruppenmitglieder mit Analdrüsensekret.

Nahrung Insekten und andere Wirbellose, auch kleine Wirbeltiere.

Fortpflanzung 2–6 Junge, Geburtsgewicht im Durchschnitt 20 g, Tragezeit ca. 60 Tage. Geburten innerhalb der Gruppe gleichzeitig, meist in der Sommerregenzeit (Oktober-Februar). Junge säugen von irgendeinem der laktierenden Weibchen. Diese haben 3 abdominale Zitzenpaare.

Lebensdauer In Gefangenschaft 11 Jahre; freilebend < 10 Jahre.

Laute Am häufigsten hört man ein Knurr-Schwatzen „tschörr" innerhalb der Gruppe.

Vorkommen Etosha, Khaudom, Caprivi (Namibia); Chobe, Okavango, Moremi (Botsuana); Gonarezhou, Hwange, Mana Pools (Simbabwe); Banhine, Gorongoza (Mosambik); Krüger, Mapungubwe, Madikwe, Marakele, Ndumo, uMkhuze, Hluhluwe-Imfolozi, Kgalagadi (Südafrika).

Maße
Gewicht: 1–1.6 kg
Schulterhöhe: 18–20 cm
Gesamtlänge: 50–65 cm
Schwanzlänge: 18–20 cm

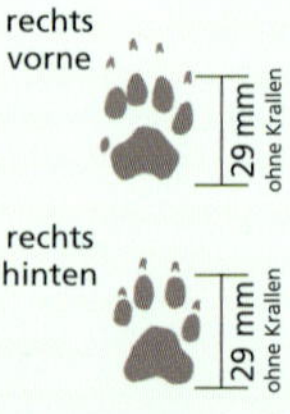

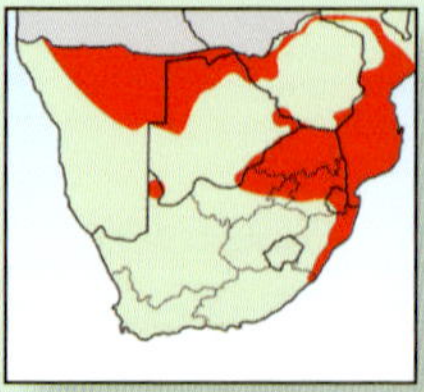

KLEINICHNEUMON (KAPMANGUSTE) *Galerella pulverulenta*

Afrikaans: *Kleingrysmuishond* **Englisch:** *Small grey mongoose* **Französisch:** *Mangouste grise du Cap*

Kennzeichen Klein, einförmig grau meliert, im Nordwesten eher graubraun, im Süden hellgrau und im Osten dunkelgrau. Diese Formen werden als Unterarten bezeichnet, dürften aber nicht gültig sein, da die Fellfarbe überall sehr variiert. Beine dunkler; Schwanz buschig, Farbe wie Körper. Kopf lang, Schnauze zugespitzt. Beim Gehen wird Schwanz parallel zum Boden gehalten.
Ähnlich Ichneumon: viel größer, schwarze Schwanzspitze. Schlankichneumon: schlanker, rötlicher, Schwanz hat schwarze Spitze und wird beim Laufen über den Rücken nach vorne gekrümmt.
Lebensraum In verschiedenen Biotopen von Wäldern bis zu offenem Gestrüpp. Besonders häufig im südlichen Küstengebiet und anschließendem Landesinneren.
Verhalten Tagaktiv, verbringt im Sommer jedoch die heißesten Stunden in Deckung. Unterschlupfe schließen Erdlöcher, dichte Vegetation, Steinmauern und Steinhaufen ein. Meist einzeln, aber auch in Paaren und Familiengruppen (Weibchen und Junge). Wohngebiete von 5 ha bis > 90 ha, sie überschneiden sich mit denen der Nachbarn; verwendet immer wieder die gleichen Wechsel. Diese Manguste markiert das Wohngebiet mit Drüsensekret, verteidigt jedoch kein Revier.
Nahrung Wirbellose (vor allem Insekten) und kleine Nagetiere; auch Aas, Vögel, Reptilien, Amphibien und kleine Mengen wilder Früchte.
Fortpflanzung 1–3 Junge werden in Löchern zwischen Felsen oder in dichtem Gebüsch geboren, im Süden zwischen August und Dezember. Weibchen hat 3 abdominale Zitzenpaare.
Lebensdauer Ein Tier lebte in Gefangenschaft 8 Jahre und 8 Monate.
Laute Fauchen, Bellen, tiefes Schnurren.
Vorkommen Richtersveld, Namaqua, Augrabies, Cedarberg, West Coast, Table Mountain, Agulhas, Karoo, Garden Route, Greater Addo, Camdeboo, Mountain Zebra, Great Fish, Golden Gate (Südafrika).

Maße
Gewicht: 500 g–1 kg
Schulterhöhe: 10–12 cm
Gesamtlänge: 55–69 cm
Schwanzlänge: 20–34 cm

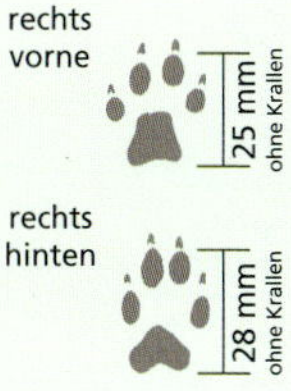

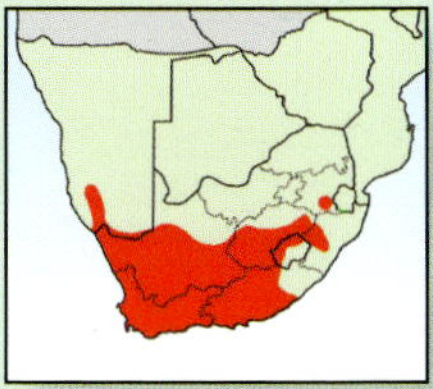

SCHLANKICHNEUMON (SCHLANKMANGUSTE) *Galerella sanguinea*

Afrikaans: *Swartkwasmuishond* **Englisch:** *Slender mongoose* **Französisch:** *Mangouste rouge, Mangouste svelte*

Kennzeichen Klein, sehr schlank, langer Schwanz mit schwarzer Spitze, beim Laufen wird Schwanz nach oben und leicht über den Rücken gekrümmt. Manchmal werden je nach Körperfarbe 3 Unterarten differenziert: überwiegend graubraun oder graugelb, im Süden der Region jedoch meistens rotorange oder dunkelbraun, oft schwarz meliert; in Nordnamibia dominiert dunkles Rotbraun.
Ähnlich Zwergichneumon: Schwanz kürzer, Spitze nicht schwarz, lebt in Gruppen. Kleinichneumon: einförmig grau meliert; nur kleines Gebiet im Süden gemeinsam. Fuchsmanguste: Schwanzspitze meistens weiß.
Lebensraum Gebiete mit wenig und viel Regen, aber nicht in Wäldern. In trockenen Gebieten nur entlang Flussläufen und in Gestrüpp und Dickicht.
Verhalten Ausschließlich tagaktiv, versteckt sich in der Nacht in dichter Vegetation, Felshaufen oder Erdlöchern, die von anderen Tieren gegraben wurden (Springhasen, Hörnchen). Meist einzeln, in der Paarungszeit kurzzeitig zu zweit. Das Revier eines Männchens überlappt wahrscheinlich die Reviere mehrerer Weibchen. Lebt meist am Boden, kann aber auch gut in Büsche und auf niedrige Bäume klettern. Pirscht sich so nah wie möglich an seine Beute und stürzt sich dann auf sie.
Nahrung Hauptsächlich Mäuse, Insekten, andere Wirbellose, Reptilien und Vögel. Nur ausnahmsweise wilde Früchte und Beeren, kann je nach Gebiet variieren.
Fortpflanzung Ein Wurf mit 1–2 (selten 3) Welpen, Tragezeit 45 Tage. Wahrscheinlich Geburtenhäufung an die Sommerregen gebunden (Oktober–Februar). Weibchen hat 2–3 abdominale Zitzenpaare.
Lebensdauer Schätzungsweise 4–6 Jahre.
Laute Nur selten gehört; Winseln, harsches Warnknurren „tscharr" wenn in Falle.
Vorkommen In allen Naturschutzgebieten häufig, auch in Viehzuchtgebieten.

Maße
Gewicht: 370–800 g
Schulterhöhe: 10 cm
Gesamtlänge: 50–65 cm
Schwanzlänge: 23–30 cm

rechts vorne

rechts hinten

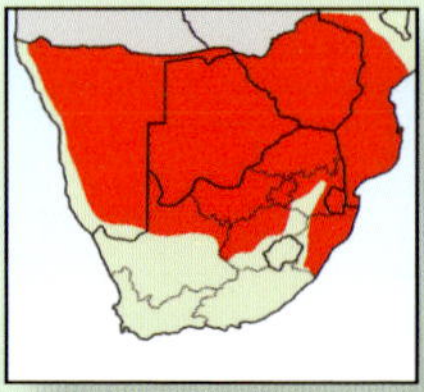

WEISSSCHWANZMANGUSTE *Ichneumia albicauda*

Afrikaans: *Witstertmuishond* **Englisch:** *White-tailed mongoose* **Französisch:** *Mangouste à queue blanche*

Kennzeichen Eine der größten Mangusten der Region; beim Gehen wird Kopf oft tief gehalten, Schultern sind niedriger als Steiß, Rücken leicht gewölbt; lange Beine. Grobes, zottiges Fell, graubraun meliert, Beine schwarz. Der buschige, weiße Schwanz ist kennzeichnend; Tiere mit schwarzem Schwanz kommen jedoch gelegentlich auch vor.
Ähnlich Selous-Manguste: viel kleiner, Schwanz weniger weiß.
Lebensraum Vorliebe für Baumsavannen und Waldränder, vor allem in gut bewässerten Gebieten; in trockeneren Gebieten auch entlang Flussläufen.
Verhalten Nachtaktiv; verkriecht sich tagsüber in Erdlöchern, Felsspalten, unter dichter Vegetation und in Löchern in Termitenhügeln. Meist einzeln, auch Paare und Weibchen mit Jungen. Größe des Wohngebietes außerhalb der Region 23–39 ha (keine Aufzeichnungen für südliches Afrika). Beide Geschlechter reviertreu, obwohl 2–3 Weibchen mit ihren Jungen in einer lockeren Familiengruppe leben können.
Nahrung Am wichtigsten sind Insekten und andere Wirbellose, jagt aber auch Nagetiere, Vögel und Reptilien. Größte Beute sind Hasen und Rohrratten.
Fortpflanzung 1–2 (selten 3–4) Junge werden in einem Bau geboren. Geburtenhäufung wahrscheinlich in Sommerregenzeit. Weibchen hat 2 abdominale Zitzenpaare.
Lebensdauer Ein Tier lebte 12.5 Jahre in Gefangenschaft; in freier Natur wohl kürzer.
Laute Vor sich hin murmeln; Schnurren, Winseln, Knurren, spitze Schreie und raues Bellen (wenn bedroht).
Vorkommen Caprivi (Namibia); Chobe, Okavango (Botsuana); Hwange, Matobo, Mana Pools, Gonarezhou (Simbabwe); Banhine, Maputo Elephant, Gorongoza (Mosambik); Krüger, Madikwe, Golden Gate, iSimangaliso, Ndumo, uMkhuze, uKhahlamba (Südafrika).

Maße
Gewicht: 3.5–5.2 kg
Schulterhöhe: 25 cm
Gesamtlänge: 90 cm–1.5 m
Schwanzlänge: 35–48 cm

rechts vorne

rechts hinten

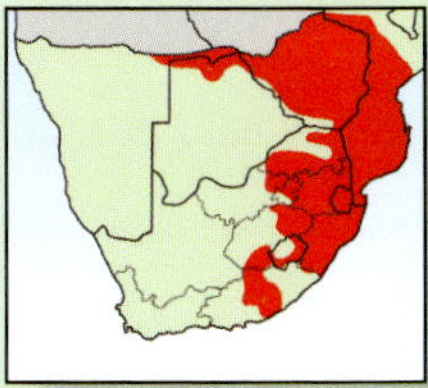

ICHNEUMON

Herpestes ichneumon

Afrikaans: *Grootgrysmuishond* **Englisch:** *Large grey mongoose* **Französisch:** *Mangouste ichneumon*

Kennzeichen Groß; langes graumeliertes Körperfell. Schwanz lang, an der Wurzel buschig mit schwarzer Spitze; im Gehen wird Schwanzspitze nach oben gebogen. Beine unten schwarz, Kopf ziemlich lang, aber immer noch typisch Manguste.
Ähnlich Kleinichneumon: viel kleiner, keine schwarze Schwanzspitze.
Lebensraum Vegetation an Flüssen, Seen, Stauseen und Sümpfen; auch an den Meeresküsten. Entfernt sich auf Nahrungssuche oft etliche Kilometer vom gewohnten Lebensraum.
Verhalten Meist tagaktiv, gelegentlich auch nachts. Gewöhnlich einzeln oder in Paaren, auch Familiengruppen möglich. Dann gehen die Tiere in einer Reihe hintereinander, Nase an Schwanzwurzel. Steht auch oft aufrecht auf den Hinterbeinen, um das Gelände zu überblicken. Kot wird an regelmäßig verwendeten Latrinen abgelegt; markiert auch Felsen und Baumstämme innerhalb des Wohngebietes mit Analdrüsensekret.
Nahrung Wichtige Beute sind kleine Nagetiere, aber auch andere Kleinsäuger, Reptilien, Vögel, Amphibien und Wirbellose. Frisst manchmal auch wilde Früchte und sogar Schlangen.
Fortpflanzung 2–4 Junge in einem Wurf, Tragezeit ca. 75 Tage (laut manchen Berichten sogar nur 60 Tage); werden wahrscheinlich in den Sommermonaten geboren. Weibchen hat meistens 2, selten 3 abdominale Zitzenpaare.
Lebensdauer Ein Tier lebte in Gefangenschaft fast 13 Jahre.
Laute Knurrt und faucht bei Gefahr.
Vorkommen Hauptsächlich auf die Küstenstreifen der Region beschränkt, im Norden Simbabwes und Botsuanas auch im Landesinneren. Scheint sich immer weiter auszubreiten. Caprivi (Namibia); Okavango, Chobe (Botsuana); Mana Pools (Simbabwe); Krüger, Ndumo, Thembe, iSimangaliso, uKhahlamba, Greater Addo, Garden Route, Agulhas, De Hoop (Südafrika).

Maße
Gewicht: 2.5–4 kg
Schulterhöhe: 20 cm
Gesamtlänge: 1–1.1 m
Schwanzlänge: 45–58 cm

rechts vorne

rechts hinten

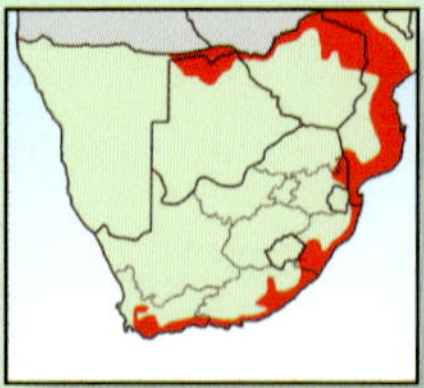

SUMPFMANGUSTE

Atilax paludinosus

Afrikaans: *Kommetjiegatmuishond* **Englisch:** *Water mongoose* **Französisch:** *Mangouste des marais*

Kennzeichen Groß, stämmig, mit zottigem, einheitlich dunkelbraunem Fell. Manche Individuen können fast schwarz, andere rotbraun sein, von Weitem wirken alle fast schwarz; in der Nähe sieht man, dass das Fell grau meliert ist und auch glänzt. Haare um Maul und an Füßen kurz, am Schwanz lang und aufrecht.
Ähnlich Fleckenhalsotter: fast gleich groß, kurzes, glattes Fell und weiße Tupfen am Hals. Kap-Fingerotter: viel größer, kurzes Fell.
Lebensraum In wasserreichen Gebieten, an Flüssen, Sümpfen, Seen und an der Küste. Dringt entlang Flussläufen in trockenere Gebiete vor, solange noch Wasser in Tümpeln steht.
Verhalten Aktiv in der Dämmerung und Nacht, lebt am Boden. Meist einzeln, manchmal in Paaren oder Weibchen mit Jungen. Vermutlich reviertreu. Kot wird an bestimmten Kotplätzen abgelagert, meist nahe dem Wasser. Verlässt sich beim Jagen auf Sicht und Gehör. Lange Zehen an den Vorderfüßen sehr sensibel, können unter und zwischen Felsen nach Beute tasten. Gräbt auch Fressbares aus dem Schlamm, vor allem Süßwasserkrabben.
Nahrung Hauptsächlich Krabben und Amphibien, auch verschiedene Wirbellose, kleine Nager, Vögel; gelegentlich wilde Früchte.
Fortpflanzung 1–3 Junge, Geburtsgewicht ca. 120 g, Tragezeit etwa 74 Tage, werden in Erdlöchern, Felsspalten oder unter dichter Vegetation geboren. Geburten von August bis Dezember. Weibchen hat 2 oder 3 abdominale Zitzenpaare.
Lebensdauer Nicht bekannt.
Laute Knurren; Junges miaut sanft; explosives Bellen wenn bedroht.
Vorkommen Caprivi (Namibia); Chobe, Okavango (Botsuana); Gonarezhou, Mana Pools (Simbabwe); Krüger, Mapungubwe, Ndumo, iSimangaliso, Ithala, uMkhuze, Hluhluwe-iMfolozi, uKhahlamba, Golden Gate, Willem Pretorius, Greater Addo, Great Fish, Camdeboo, Garden Route, Agulhas, Karoo, Augrabies (Südafrika).

Maße
Gewicht: 2.5–5.5 kg
Schulterhöhe: 22 cm
Gesamtlänge: 80 cm–1 m
Schwanzlänge: 30–40 cm

rechts vorne

rechts hinten

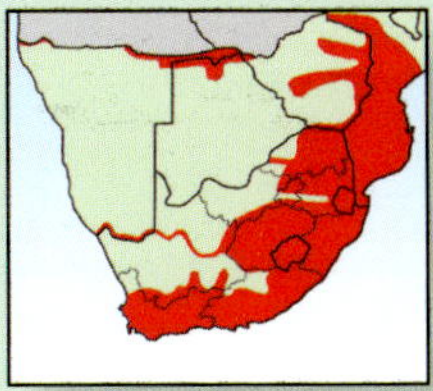

SÜDLICHER ZWERGICHNEUMON *Helogale parvula*

Afrikaans: *Dwergmuishond* **Englisch:** *Dwarf mongoose* **Französisch:** *Mangouste naine du Sud*

Kennzeichen Kleinste Manguste in der Region. Ziemlich kurz und schlank, glänzendes Fell, dunkelbraun oder graubraun; aus der Nähe betrachtet grau meliert. Aufgrund von Farbunterschieden werden manchmal 3 Unterarten unterschieden. Beine oben, Kehle und Schnauze oft rehbraun oder rotbraun. Schwanz hat Körperfarbe, ist gut behaart aber nicht buschig.
Ähnlich Schlankichneumon: Schwanz länger, schwarze Spitze wird beim Laufen aufrecht oder nach vorne gekrümmt gehalten; lebt einzeln.
Lebensraum Offene Baum- und Grassavanne, oft auch in felsigen Gebieten innerhalb dieser Biotope.
Verhalten Ausschließlich tagaktiv und am Boden lebend. Sehr gesellig, lebt in Gruppen von 10–40 Tieren. Jede Gruppe hat ein festes Wohngebiet von 2–30 ha mit bis zu 20 Bauen, oft in Termitenhügeln oder zwischen Felsen. Jede Gruppe hat je ein dominantes Männchen und Weibchen, ungewöhnlich ist, dass die Weibchen ranghöher als die Männchen sind. Nur das ranghöchste Weibchen pflanzt sich fort, alle Gruppenmitglieder helfen bei der Aufzucht. Sitzt oft vor dem Bau in der Sonne. Gruppenmitglieder kommunizieren laufend leise miteinander.
Nahrung Vor allem Insekten, andere Wirbellose, in geringerem Maß kleine Reptilien, Vögel und deren Eier.
Fortpflanzung Ein Wurf mit 1–7 (Durchschnitt 2–4) Jungen, Tragezeit 50–54 Tage. Geburten meist in der Regenzeit (Oktober-März). Weibchen hat 3 abdominale Zitzenpaare.
Lebensdauer Wildlebend 7 Jahre.
Laute Am häufigsten hört man „piep" und Zwitschern als Kontaktlaute; „tschieeh" und „tschrrr" als Warnrufe.
Vorkommen Etosha, Caprivi (Namibia); Okavango, Chobe (Botsuana); Hwange, Mana Pools (Simbabwe); Mapungubwe, Madikwe, Marakele, Krüger, Ndumo, Thembe (Südafrika).

Maße
Gewicht: 220–350 g
Schulterhöhe: 7 cm
Gesamtlänge: 35–40 cm
Schwanzlänge: 14–20 cm

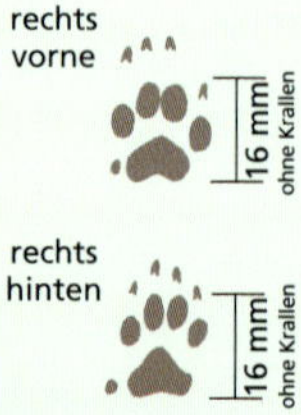

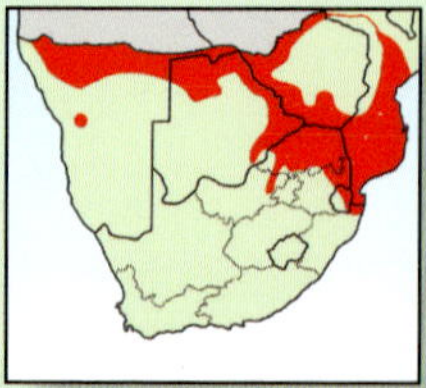

FUCHSMANGUSTE

Cynictis penicillata

Afrikaans: *Rooimeerkat* **Englisch:** *Yellow mongoose* **Französisch:** *Mangouste fauve*

Kennzeichen Ziemlich klein. Im Süden der Region normalerweise rötlich gelb oder gelbbraun, leicht grau meliert, mit einer deutlichen weißen Schwanzspitze; im Norden eher grau und oft kein Weiß am Schwanz. Etliche Unterarten werden manchmal beschrieben, aber die Färbungen können so unterschiedlich sein, und doch ineinander übergehen, dass eine Trennung sehr schwierig ist. Schwanz ziemlich buschig, wird beim Gehen parallel zum Boden gehalten und beim schnellen Laufen in einem Winkel von 45°. Kinn, Kehle und Brust oben oft fast weiß. Augen orangebraun.
Ähnlich Selous-Manguste: nur im äußersten Norden. Schlankichneumon: Schwanzspitze schwarz, beim Laufen nach vorne gekrümmt; einzeln.
Lebensraum Offene Grassavanne und Gestrüpp in Halbwüsten; auch in offener Baumsavanne mit gutem Grasbestand.
Verhalten Tagaktiv. Sucht alleine nach Nahrung, lebt aber mit 5–10 (selten bis zu 20) anderen Tieren zusammen in einem Bausystem. Gräbt Löcher selbst, besetzt aber auch oft die schon von Surikaten oder Erdhörnchen gegrabenen. Manchmal teilen alle 3 Arten das Bausystem. Jeden Morgen entfernen sich die Tiere einzeln, um zu fressen, sie folgen festen Wechseln. Kot wird an Kotplätzen in der Nähe der Eingänge zum Bau abgelagert.
Nahrung Vor allem Insekten und andere Wirbellose, aber auch kleine Nager, Amphibien, Reptilien und Vögel.
Fortpflanzung Ein Wurf mit 2–5 Jungen, Tragezeit 60–62 Tage. Im Süden werden Junge zwischen Oktober und Januar geboren, im Norden bis März. Weibchen hat 3 abdominale Zitzenpaare.
Lebensdauer Bis zu12 Jahren.
Laute Schnurren, Schreien, Knurren.
Vorkommen Etosha, Khaudom (Namibia); Central Kalahari, Chobe, Nxai Pan (Botsuana); Kgalagadi, Augrabies, Namaqua, Karoo, Greater Addo (Südafrika).

Maße
Gewicht: 450–900 g
Schulterhöhe: 15–18 cm
Gesamtlänge: 40–60 cm
Schwanzlänge: 18–25 cm

rechts vorne

rechts hinten

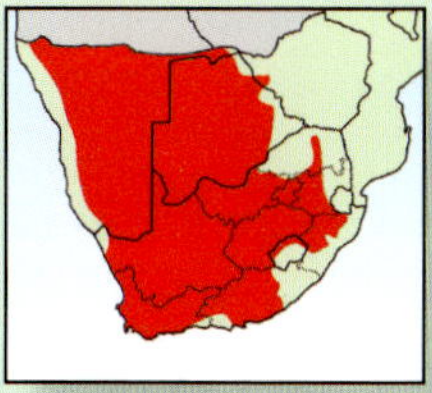

SURIKATE (ERDMÄNNCHEN) *Suricata suricatta*

Afrikaans: *Stokstertmeerkat* **Englisch:** *Suricate, meerkat* **Französisch:** *Suricate*

Kennzeichen Ziemlich klein, mit langer, keilförmiger Schnauze. Körper rehbraun bis silbergrau (im Nordwesten heller) mit zahlreichen dunkleren, unregelmäßigen Querstreifen zwischen Schulter und Schwanzwurzel. Manchmal werden aufgrund nicht wesentlicher Farbunterschiede 2 Unterarten beschrieben. Schwanz dünn, mit kurzen Haaren und schwarzer Spitze; wird beim Laufen senkrecht nach oben gehalten. Lange Krallen vorne; kleine, runde Ohren.
Ähnlich Zebramanguste: ununterbrochene, schwarze Streifen; Verbreitungsgebiete überschneiden sich nur wenig.
Lebensraum Offene, trockene und wenig bewachsene Gebiete; vermeidet Dickicht.
Verhalten Tagaktiv, kommt erst nach Sonnenaufgang aus dem Bau, zu dem es vor Sonnenuntergang wieder zurückkehrt. Lebt meist in Gruppen von 8–15 (bis zu 40) Tieren. Gräbt selbst Bausysteme, verwendet aber auch die von Fuchsmangusten oder Erdhörnchen; lebt oft harmonisch mit diesen beiden Arten zusammen. Gruppe bleibt auf Nahrungssuche beisammen, und kommuniziert laufend mit sanftem Grunzen. Steht oft aufrecht auf den Hinterbeinen, um sich zu sonnen oder Ausschau zu halten, verwendet dabei den Schwanz als „drittes Bein."
Nahrung Hauptsächlich Insekten, andere Wirbellose, Reptilien und Vögel.
Fortpflanzung 2–5 Junge, Tragezeit etwa 73 Tage, Geburtsgewicht im Durchschnitt 30 g. Geburten meist im Sommer (Oktober-März). Alle Gruppenmitglieder helfen bei der Aufzucht der Jungen. In vielen Gruppen gebiert das ranghöchste Weibchen die meisten Würfe. Weibchen hat 3 abdominale Zitzenpaare.
Lebensdauer In Gefangenschaft bis 12 Jahre; wildlebend vermutlich viel kürzer.
Laute Grunzen und Murmeln innerhalb der Gruppe; Warnbellen; Zischen.
Vorkommen In fast allen Schutzgebieten der Region.

Maße
Gewicht: 620–960 g
Schulterhöhe: 12 cm
Gesamtlänge: 45–55 cm
Schwanzlänge: 20–24 cm

rechts vorne

rechts hinten

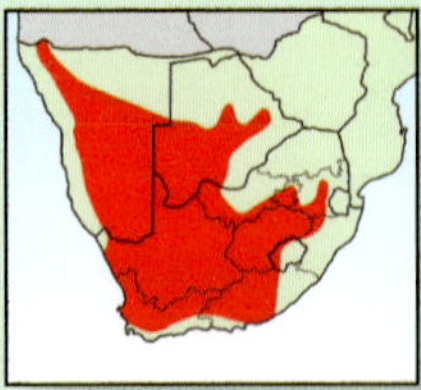

1 PANTHERGINSTERKATZE *Genetta maculata*
2 GROSSFLECKGINSTERKATZE *Genetta tigrina*

Afrikaans: *Rooikolmuskeljaatkat, Grootkolmuskeljaatkat* **Englisch:** *Common large-spotted genet, South African large-spotted genet* **Französisch:** *Genette pardine, Genette tigrine*

Kennzeichen Aufgrund wissenschaftlicher Erkenntnisse jetzt zwei getrennte Arten. Langer, schlanker Körper, gut behaart; langer, geringelter Schwanz mit schwarzer Spitze. Panther-G.: Tupfen und Flecken rostbraun, Großfleck-G.: Tupfen und Flecken fast schwarz. Kinn und Lippen normalerweise weiß; weißer Fleck unter den Augen. Ohren lang und abgerundet. Krallen können eingezogen werden.
Ähnlich Kleinfleckginsterkatze: graumeliertes Fell mit zahlreichen kleinen schwarzen Punkten und Streifen und aufrecht stehendem Haarkamm (dieser bei Panther- und Großfleckginsterkatze nicht vorhanden).
Lebensraum Gut bewässerte Gebiete mit dichter Vegetation wie Wälder, Baumsavannen, Küstendickichte, Galeriewälder und Fynbos.
Verhalten Nachtaktiv, tagsüber in Deckung. Jagt meist am Boden, ist aber ein ausgezeichneter Kletterer. Meist einzeln, auch in Paaren oder Weibchen mit Jungen unterwegs. Kot wird an bestimmten Kotplätzen abgesetzt, meist gut sichtbar in offener Lage.
Nahrung Wirbellose, vor allem Insekten, aber auch kleine Nager, Reptilien, Amphibien und Vögel. Die größte beobachtete Beute sind junge Hasen und Rohrratten.
Fortpflanzung 2–4 (selten 5) Junge, Geburtsgewicht 50–80 g, Tragezeit ca. 70 Tage. Geburten meist im Frühjahr und Sommer (September-März). Weibchen hat 2 abdominale Zitzenpaare.
Lebensdauer In Gefangenschaft 14 Jahre, in freier Natur kürzer.
Laute Verschiedene Kombinationen von Knurren, Husten, Spucken, Schnurren und Miauen.
Vorkommen Häufig und weit verbreitet.

Maße
Gewicht: 1.8–3.2 kg
Schulterhöhe: 18–22 cm
Gesamtlänge: 85 cm–1.1 m
Schwanzlänge: 40–50 cm

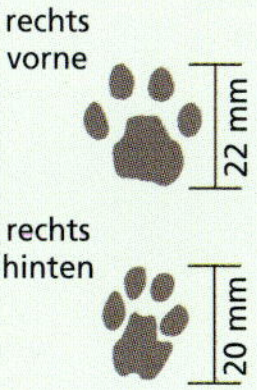

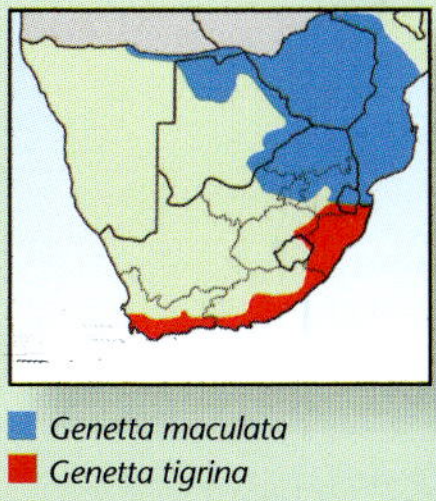

KLEINFLECKGINSTERKATZE *Genetta genetta*

Afrikaans: *Kleinkolmuskejaatkat* **Englisch:** *Small-spotted genet* **Französisch:** *Genette commune*

Kennzeichen Langer, schlanker Körper und kurze Beine. Schwanz lang, schwarz-hellgrau geringelt, meist mit weißer Spitze. Körperfarbe grauweiß mit zahlreichen kleinen, schwarzen Tupfen und Streifen. Lange, abgerundete Ohren und ein eher zugespitztes Gesicht mit schwarz-weißer Zeichnung. Langer Haarkamm vom Nacken zur Schwanzwurzel kann aufgestellt werden.
Ähnlich Panther- und Großfleckginsterkatze: unterschiedliche Farbe, Flecken größer, schwarz oder rostbraun; kein Haarkamm. Zibetkatze: viel größer, Beine länger, Schwanz kürzer.
Lebensraum In Halbwüsten bis zu Gebieten mit viel Niederschlag, aber selten in echten Wäldern. Vor allem in Baumsavannen, Galeriewäldern und offenen Ebenen mit verstreuten Felshügeln.
Verhalten
Ausschließlich nachtaktiv; tagsüber in dichter Vegetation, Felsspalten oder Erdlöchern versteckt. Einzeln, nur selten in Paaren oder Weibchen mit Jungen. Noch bodenständiger als Großfleck- und Pantherginsterkatzen, aber doch agiler und geschickter Kletterer. Kot wird an Kotplätzen abgesetzt, diese sind gut sichtbar auf einem Baumstamm oder einem Felsabsatz situiert und weisen darauf hin, dass das Wohngebiet und vermutlich ein Revier markiert wird.
Nahrung Wirbellose, vor allem Insekten, frisst auch Kleinsäuger, Vögel, Reptilien, Frösche und manchmal wilde Früchte.
Fortpflanzung 2–4 Junge, Geburtsgewicht 50–80 g, Tragezeit ca.70 Tage. Geburten vor allem im Sommer. Weibchen hat 2 abdominale Zitzenpaare.
Lebensdauer In Gefangenschaft > 9 Jahre.
Laute Denen der Großfleckginsterkatze sehr ähnlich; Lautfolgen katzenähnlich.
Vorkommen Kommt in den meisten Schutzgebieten vor. Häufig, sogar in Gebieten mit dichter menschlicher Bevölkerung. Benutzt Dachböden und vollgeräumte Nebengebäude als Unterschlupf.

Maße
Gewicht: 1.5–2.6 kg
Schulterhöhe: 18–20 cm
Gesamtlänge: 86 cm–1 m
Schwanzlänge: 40–50 cm

rechts vorne

rechts hinten

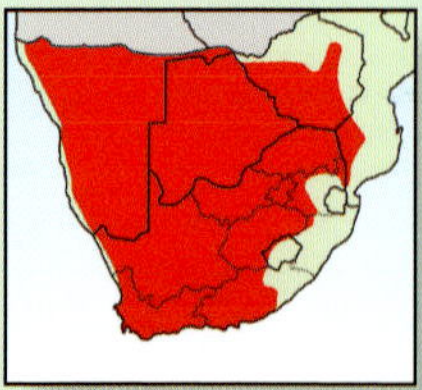

AFRIKANISCHE ZIBETKATZE

Civettictis civetta

Afrikaans: *Sivet* **Englisch:** *African civet* **Französisch:** *Civette africaine*

Kennzeichen Etwa die Größe eines mittelgroßen Haushundes (Spaniel). Langer Körper, lange Beine, stämmig. Beim Gehen wird Kopf tief gehalten, Schwanz horizontal oder leicht nach unten. Fell lang und grob. Körperfarbe grau oder graubraun, mit vielen schwarzen Tupfen, Flecken und Streifen. Stirn hellgrau, Schnauze weiß, dunkle Ringe um die Augen. Klarer, heller Streifen vom Ohr zur Brust. Beine schwarz; Schwanz nur unten schwarzweiß gestreift, oben und an der Spitze schwarz. Dunkler Haarkamm entlang Wirbelsäule, kann aufgestellt werden.
Ähnlich Ginsterkatzen: kleiner, Schwanz länger, Beine kürzer.
Lebensraum In vielen verschiedenen Biotopen, bevorzugt dicht bewachsene und bewaldete Gebiete; fast immer nahe am Wasser.
Verhalten Meist nachtaktiv, aber auch an kühlen und bewölkten Tagen solange nicht gestört. Einzelgänger, selten in Paaren oder Weibchen mit halbwüchsigen Jungen. Benutzt regelmäßig Latrinen (*civetries*) im Wohngebiet. Markiert auch Wohngebiet mit dunklem Analdrüsensekret, das auf Grashalme, Zweige oder sogar Felsen abgelegt wird.
Nahrung Vor allem Wirbellose, meist Insekten, auch kleine Nager, Hasen, Vögel, Reptilien, Aas und große Mengen wilder Früchte.
Fortpflanzung 2–4 Junge, Geburtsgewicht 325 g, Tragezeit 60–65 Tage. Geburten in den Sommermonaten (August-Januar). Weibchen hat 2 abdominale Zitzenpaare.
Lebensdauer Vermutlich weniger als 10 Jahre.
Laute „Ha-ha-ha", Miauen, Knurren, Fauchen und Schreien. Ruft selten.
Vorkommen Nirgends häufig. Skeleton Coast, Caprivi (Namibia); Chobe, Okavango (Botsuana); Hwange, Matobo, Mana Pools, Gonarezhou (Simbabwe); Mapungubwe, Marakele, Krüger, Ndumo, iSimangaliso (Südafrika); Banhine, Gorongoza (Mosambik).

Maße
Gewicht: 9–15 kg
Schulterhöhe: 40 cm
Gesamtlänge: 1.2–1.4 m
Schwanzlänge: 40–50 cm

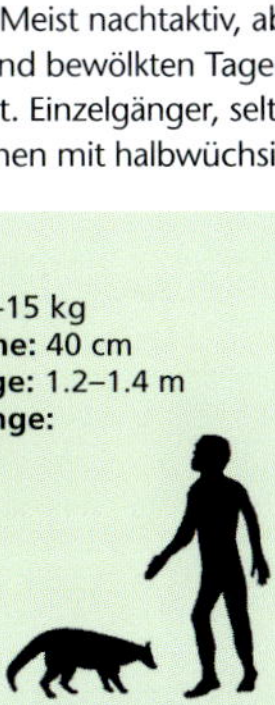

rechts vorne

rechts hinten

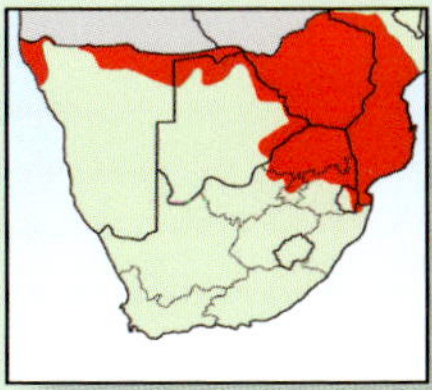

TÜPFELHYÄNE

Crocuta crocuta

Afrikaans: *Gevlekte hiëna* **Englisch:** *Spotted hyaena* **Französisch:** *Hyène tachetée*

Kennzeichen Die häufigste Hyäne der Region. Kräftige Schulterpartie, deutlich höher als Steiß. Großer Kopf, aufstehende runde Ohren und schwarze Schnauze. Fell gelbrehbraun oder graurehbraun mit dunkelbraunen Tupfen und Flecken. Kopf, Kehle und Brust nicht gefleckt. Schwanz ist kurz, und wird aufrecht gehalten oder manchmal über den Rücken gekrümmt.
Ähnlich Schabrackenhyäne: Fell zottiger, keine Flecken, lange zugespitzte Ohren, Einzelgänger. Erdwolf: viel kleiner, Streifen, keine Tupfen.
Lebensraum Offene und dichtbewachsene Baumsavanne und zerklüftetes Gelände.
Verhalten Tag- und nachtaktiv. Lebt in Familiengruppen, die von einem erwachsenen Weibchen geführt werden. Jeder Klan besteht aus 3 bis über 15 Mitgliedern, die zusammen ein Revier verteidigen und es regelmäßig an Gemeinschaftslatrinen und mit Analdrüsensekret markieren. Geschickte Jäger, vertreiben auch andere Raubtiere von deren Beute.
Nahrung Vor allem Antilopen, aber auch Steppenzebra und Büffel; Aas.
Fortpflanzung 1–2 (selten 3) Junge, Geburtsgewicht ca. 1.5 kg, Tragezeit etwa 110 Tage. Junge werden ganzjährig in einem Bau oder Erdloch geboren, Geburten häufiger in der Sommerregenzeit. Weibchen hat 2 abdominale Zitzenpaare.
Lebensdauer In freier Natur > 16 Jahre.
Laute Der bekannteste Laut der afrikanischen Savanne: „whuuh-op“, Kichern, Schreie, Knurren, Grunzen, Winseln und sanftes Quietschen.
Vorkommen Namib-Naukluft, Skeleton Coast, Etosha, Khaudom, Caprivi (Namibia); Chobe, Okavango, Moremi, Central Kalahari, Nxai Pan, Makgadikgadi (Botsuana); Hwange, Mana Pools, Gonarezhou (Simbabwe); Banhine, Gorongoza (Mosambik); Mapungubwe, Marakele, Madikwe, Pilanesberg, Krüger, uMkhuze, iSimangaliso, Hluhluwe-Imfolozi, Kgalagadi, Greater Addo (Südafrika).

Maße
Gewicht: 60–80 kg
Schulterhöhe: 85 cm
Gesamtlänge: 1.2–1.8 m
Schwanzlänge: 25 cm

rechts vorne

rechts hinten

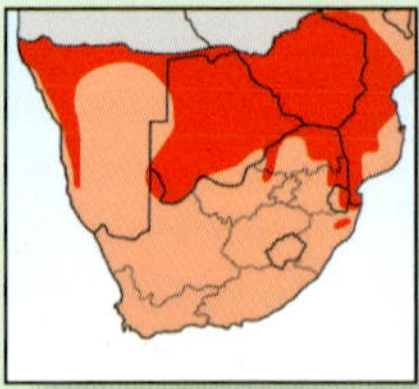

SCHABRACKENHYÄNE (BRAUNE HYÄNE) *Parahyaena brunnea*

Afrikaans: *Strandjut* **Englisch:** *Brown hyaena* **Französisch:** *Hyène brune*

Kennzeichen Groß, Schultern deutlich höher als Steiß. Kopf groß, lange zugespitzte Ohren. Körperfell lang und zottig, auf Rücken und Schultern besonders lang und dicht, aber etwas heller. Körperfarbe variiert zwischen hell- und dunkelbraun; Beine schwarz und hellbraun geringelt. Schwanz kurz, buschig und dunkel.

Ähnlich Tüpfelhyäne: kürzeres Fell, getupft und gefleckt, runde Ohren. Erdwolf: viel kleiner, hellere Fellfarbe, Querstreifen am Körper.

Lebensraum Jetzt in trockeneren Gebieten der Region, einschließlich Namibwüste und Kalahari, früher in fast allen Biotopen. Auch in bergigen Gebieten, in Baumsavannen und der südlichen Küstenebene.

Verhalten In Dämmerung und Nacht aktiv, manchmal auch tagsüber. Gewöhnlich einzeln, mehrere Tiere können ein Revier teilen. Die Reviergröße variiert stark, von ca. 19 km² in einer Studie bis zu 235–480 km² in der Kalahari. Eine erweiterte Familiengruppe von 4–6 Tieren teilt sich ein Revier und alle helfen beim Aufziehen der Jungen.

Nahrung Vor allem Aasfresser, frisst auch verschiedene kleine Wirbeltiere (sogar junge Antilopen), Insekten und wilde Früchte.

Fortpflanzung 1–5 (meist 2–3) Junge, Geburtsgewicht ca. 750 g, Tragezeit etwa 90 Tage. Weibchen hat 2 abdominale Zitzenpaare.

Lebensdauer Ein Tier lebte in Gefangenschaft > 29 Jahre; freilebend mindestens 12 Jahre.

Laute Weniger lautstark als die Tüpfelhyäne; Knurren, Fauchen, Winseln, Quietschen und Japsen.

Vorkommen Skeleton Coast, Namib-Naukluft, Etosha, Khaudom (Namibia); Chobe, Central Kalahari, Makgadikgadi, Nxai Pan (Botsuana); Hwange (Simbabwe); Kgalagadi, Augrabies, Pilanesberg, Madikwe, Mapungubwe, Marakele, Krüger, iSimangaliso, Hluhluwe-Imfolozi, Greater Addo (Südafrika).

Maße
Gewicht: ♂ 35–58 kg (Durchschnitt: 47 kg); ♀ 28–47 kg (Durchschnitt 42 kg)
Schulterhöhe: 80 cm
Gesamtlänge: 1.3–1.6 m
Schwanzlänge: 17–30 cm

rechts vorne

rechts hinten

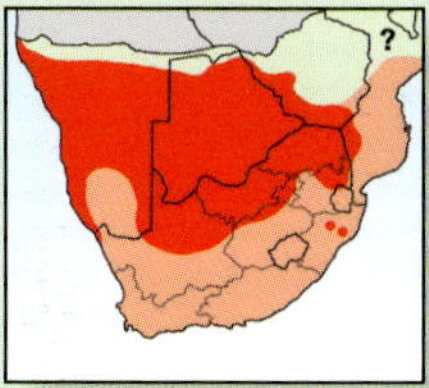

ERDWOLF

Proteles cristatus

Afrikaans: *Maanhaarjakkals, Erdwolf* **Englisch:** *Aardwolf* **Französisch:** *Protèle*

Kennzeichen Mittelgroß, Schultern höher als Steiß, aber nicht so ausgeprägt wie bei den Hyänen. Fell ziemlich lang und grob; Mähne am Hals und Rücken wird aufgestellt, wenn Tier bedroht wird. Körperfarbe hellrotbraun oder gelblichweiß, etliche senkrechte schwarze Streifen am Körper, Schenkel schwarz quer gestreift. Schnauze, Pfoten und Großteil des Schwanzes schwarz. Ohren lang und zugespitzt.
Ähnlich Tüpfelhyäne: viel größer, kürzeres Fell ohne Streifen, runde Ohren. Schabrackenhyäne: größer, keine Streifen, zottiges Fell.
Lebensraum In niederschlagsreichen und trockenen Gebieten, abhängig von Anwesenheit der Termiten, seiner Hauptnahrung.
Verhalten Aktiv vor allem in der Dämmerung und Nacht, wenn wenig gestört, auch an wolkigen Tagen. Meist Einzelgänger, aber Paare und Familiengruppen kommen vor. Zwei oder mehr Tiere besetzen ein Wohngebiet, Kot wird in flachen Mulden an Latrinen abgelegt. Ein Paar verteidigt sein Revier. Mehrere Weibchen können ihre Jungen im selben Bau gebären. Baue sind meist schon von anderen Tierarten gegrabene Erdlöcher.
Nahrung Termiten, vor allem die Gattung *Trinervitermes*, machen den Hauptteil ihrer Kost aus. Eine Rechnung ergab, dass ein Erdwolf in einem Jahr 105 Millionen Termiten (etwa 420 kg) verzehrt.
Fortpflanzung 1–4 Junge, Geburtsgewicht ca. 450 g, Tragezeit etwa 90 Tage. Die meisten Geburten finden in Südafrika von Oktober bis Dezember statt, im Norden etwas länger. Weibchen hat 2 inguinale Zitzenpaare.
Lebensdauer Ein Tier lebte in Gefangenschaft 15 Jahre.
Laute Ruft selten. Wenn verletzt oder bedroht, brüllt er eindrucksvoll, unerwartet für seine Größe; Bellen, Knurren, Fauchen, Winseln.
Vorkommen In fast allen Schutzgebieten der Region.

Maße
Gewicht: 6–11 kg
Schulterhöhe: 50 cm
Gesamtlänge: 84 cm–1 m
Schwanzlänge: 20–28 cm

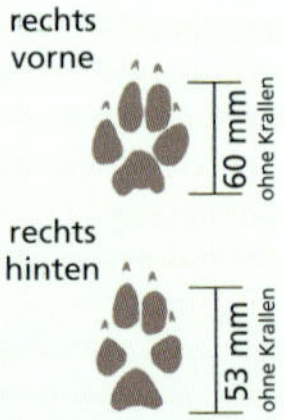

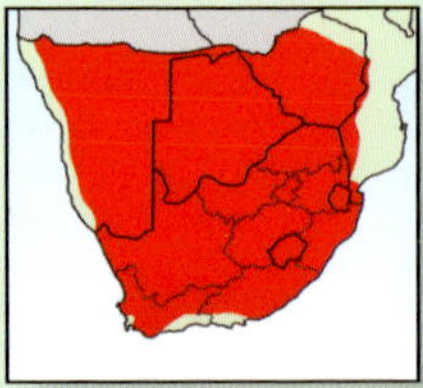

AFRIKANISCHE WILDKATZE

Felis silvestris lybica

Afrikaans: *Vaalboskat* **Englisch:** *African wild cat* **Französisch:** *Chat sauvage d'Afrique*

Kennzeichen Der Hauskatze sehr ähnlich, aber größer und Beine länger. Körperfarbe hellockerbraun in den trockeneren Gebieten und hell- oder dunkelgrau in den feuchteren. Mehr oder weniger deutliche, dunkle Querstreifen am Körper. Schwanz lang, dunkel geringelt mit schwarzer Spitze. Kinn und Kehle weiß, Hinterbeine innen heller. Ohren hinten rotbraun.
Ähnlich Hauskatze und Kreuzungen: Ohren hinten nicht rot. Schwarzfußkatze: kleiner, Schwanz kürzer, deutliche dunkle Tupfen.
Lebensraum Von Wüsten bis zu feuchten Berggebieten, Baumsavannen, Waldrändern, Grassavannen und felsigem Terrain.
Verhalten Aktiv in Dämmerung und Nacht, gelegentlich auch an kühlen, wolkigen Tagen. Sonst tagsüber in Felsspalten, dichter Vegetation, Erdlöchern oder in Bäumen versteckt. Einzelgänger, außer zur Paarung oder Weibchen mit Jungen. Beide Geschlechter markieren und verteidigen ein Revier. Kot wird normalerweise vergraben, in manchen Gebieten verwenden sie jedoch kleine offene Latrinen. Ihre Jagdmethode ist Anschleichen - Warten - Zuschlagen.
Nahrung Hauptsächlich kleine Nagetiere, aber auch Säugetiere bis zur Größe von Hasen, Springhasen und jungen Klippschliefern. Gelegentlich auch Junge der kleineren Antilopen, Straußenküken, Trappen, kleinere Vögel, Reptilien und Insekten.
Fortpflanzung 1–5 Junge, Geburtsgewicht 40–50 g, Tragezeit 56–65 Tage. Die meisten Geburten finden in den warmen, nassen Sommermonaten statt. Weibchen hat 3–4 abdominale Zitzenpaare.
Lebensdauer In Gefangenschaft bis zu 15 Jahre; in freier Natur unbekannt.
Laute Der Hauskatze sehr ähnlich; Fauchen, Spucken, Heulen, Schnurren.
Vorkommen Kommt nur im Küstenstreifen der Namibwüste nicht vor. Die Reinheit etlicher Populationen ist wegen Kreuzung mit Hauskatze fraglich. In fast allen Schutzgebieten innerhalb des Verbreitungsgebiets.

Maße
Gewicht: 2.5–6 kg
Schulterhöhe: 35 cm
Gesamtlänge: 85 cm–1 m
Schwanzlänge: 25–37 cm

rechts vorne

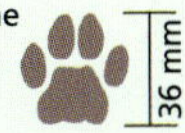

rechts hinten

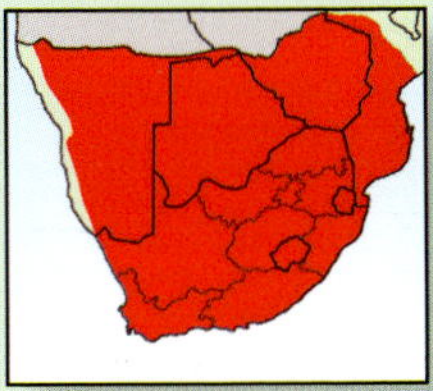

SCHWARZFUSSKATZE *Felis nigripes*

Afrikaans: *Swartpootkat* **Englisch:** *Small spotted cat* **Französisch:** *Chat à pieds noirs*

Kennzeichen Kleinste Katze der Region. Zwei Unterarten aufgrund von Farbunterschieden: im Norden heller strohgelbbraun mit rostbraunen Tupfen und Streifen; im Süden rotbraun mit schwarzen Punkten und Streifen. Zahlreiche Tupfen und Streifen an Körper, Beinen, Kopf und Schwanz. Dieser ist kurz und schwarz geringelt mit schwarzer Spitze. Kinn weiß, Kehle weiß mit 2–3 deutlichen, dunklen Streifen.
Ähnlich Afrikanische Wildkatze: größer, Beine länger, keine Tupfen. Ginsterkatzen: Körper und Schwanz länger.
Lebensraum Trockene offene Grassavanne mit niedrigem Gestrüpp, oft um Termitenhügel.
Verhalten Nachtaktiv. Verlässt Versteck erst nach Sonnenuntergang und kehrt vor Sonnenaufgang wieder zurück. Einzeln, außer in der Paarungszeit und wenn Weibchen von Jungen begleitet wird. Jagt die ganze Nacht hindurch, und legt Entfernungen von 4.5–16 km zurück. Wohngebiete des Weibchens 500–1 500 ha. Wohngebiete werden mit Urin, Drüsensekret und Kratzern markiert.
Nahrung Kleine Nager am wichtigsten. Frisst auch Reptilien, Amphibien, Vögel und Insekten. Männchen jagt Tiere bis zur Größe von Kaphase und Trappen.
Fortpflanzung 1–3 Junge, Geburtsgewicht im Durchschnitt 78 g, Tragezeit etwa 68 Tage. Geburten meist in den Sommermonaten, in Gefangenschaft auch das ganze Jahr hindurch. Weibchen hat 1 Paar inguinale und 2 Paar abdominale Zitzen.
Lebensdauer In Gefangenschaft 1–16 Jahre; wildlebend 4–8 Jahre.
Laute In der Paarungszeit häufig ein lautes heiseres „rraaauuuh", wie ein hohes Brüllen; Weibchen ruft Junge mit sanftem Laut; bei Gefahr Fauchen und tiefes Knurren.
Vorkommen Central Kalahari, Nxai Pan (Botsuana); Kgalagadi, Augrabies, Namaqua, Karoo, Greater Addo, Mountain Zebra, Willem Pretorius (Südafrika).

Maße
Gewicht: ♂ 1.9 kg (2.5 kg als Maximum aufgezeichnet) ♀ 1.3 kg
Schulterhöhe: 25 cm
Gesamtlänge: 50–63 cm
Schwanzlänge: 16 cm

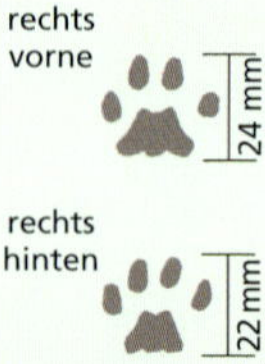

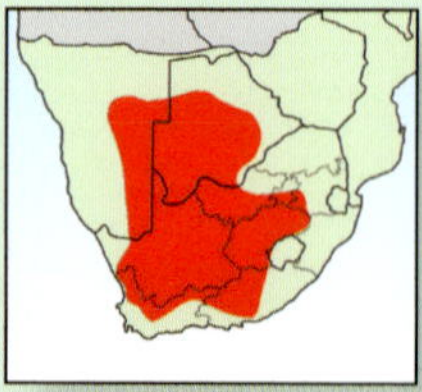

SERVAL

Leptailurus serval

Afrikaans: *Tierboskat* **Englisch:** *Serval* **Französisch:** *Serval*

Kennzeichen Schlanke, langbeinige, getupfte Katze mit kurzem Schwanz und großen, runden Ohren. Farbe unterschiedlich, meist gelblichrotbraun mit verstreuten schwarzen Tupfen und Streifen, auch am Hals. Schwarze Flecken auch an den Beinen. Bauch heller, kann auch gefleckt sein. Ohr hinten in der oberen Hälfte schwarz-weiß-schwarz gestreift.
Ähnlich Leopard und Gepard: viel größer, beide haben langen Schwanz. Ginsterkatzen: kleiner, kurze Beine, langer Schwanz, nachtaktiv.
Lebensraum Gewöhnlich Gebiete mit Wasser, hohem Gras, Schilf und Waldrändern. In hohen Niederschlagszonen vom Meeresspiegel bis zu Berghängen.
Verhalten Oft nachtaktiv, in Schutzgebieten aber auch häufig tagsüber gesehen, wenn es kühl ist. Meist einzeln, aber auch in Paaren oder Familiengruppen von Weibchen und Jungen. Leben auf dem Boden, aber gute Kletterer. Männchen verteidigt Revier, Weibchen vermutlich auch. Wohngebiete 2–30 km^2. Wohngebiete der Weibchen überschneiden sich nicht, das eines Männchens kann jedoch die von 2 oder mehr Weibchen überlappen. Folgt Wechseln.
Nahrung Kleinsäuger, vor allem Nagetiere, auch Vögel sind wichtig. Lamellenzahnratten (*Otomys* spp.) werden oft gejagt, aber auch Rohrratten und Hasen.
Fortpflanzung 1–5 (meist 2–3) Junge, Geburtsgewicht ca. 200 g, Tragezeit 68–79 Tage. Fast alle Geburten in der Region finden in den Sommermonaten statt. Weibchen hat 2 Paar abdominale und 1 Paar inguinale Zitzen.
Lebensdauer In Gefangenschaft 13–20 Jahre; in freier Natur nicht bekannt.
Laute Fauchen, Knurren, Schnurren.
Vorkommen Caprivi (Namibia); Chobe, Okavango, Moremi (Botsuana); Hwange, Mana Pools, Gonarezhou (Simbabwe); Banhine, Gorongoza (Mosambik); Krüger, Marakele, iSimangaliso, Ithala, uKhahlamba (Südafrika).

Maße
Gewicht: 8–13 kg
Schulterhöhe: 60 cm
Gesamtlänge: 96 cm–1.2 m
Schwanzlänge: 25–38 cm

rechts vorne

rechts hinten

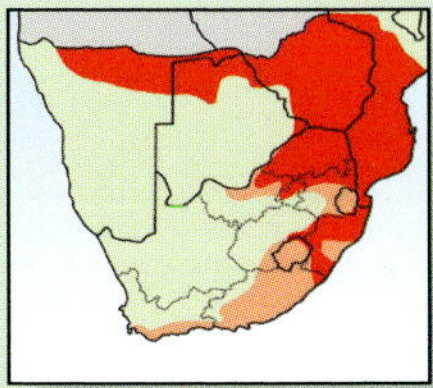

KARAKAL

Caracal caracal

Afrikaans: *Rooikat* **Englisch:** *Caracal* **Französisch:** *Caracal*

Kennzeichen Robust gebaute, mittelgroße Katze, Steiß höher als Schultern. Ohren lang und zugespitzt, hinten schwarz mit Weiß durchsetzt, langes Haarbüschel am Ende. Fell kurz, dicht und weich, gelblichrotbraun oder kräftiges Ziegelrot. Unterseite heller oder sogar fast weiß. Deutliche schwarze und weiße Flecken im Gesicht, vor allem um Maul und Augen. Schwanz kurz mit gleicher Farbe wie Körper.
Ähnlich Kann in der Region mit keiner anderen Art verwechselt werden.
Lebensraum Von Halbwüste bis zu Baumsavanne, in niederschlagsarmen und -reichen Gebieten, vom Meeresspiegel bis auf Bergketten.
Verhalten Vor allem nachtaktiv, aber wenn wenig gestört, jagt er auch in den kühlen Stunden des Tages. Einzeln, lebt auf dem Boden, kann aber gut klettern. Männchen verteidigt Revier, sein Wohngebiet überschneidet das von mehreren Weibchen. Deren Wohngebiete überschneiden sich, aber Kontakt wird vermieden. Wohngebiete können zwischen 4 km² und > 100 km² groß sein, in trockenen Gebieten mit wenigen Beutetieren sogar noch größer. Jagdmethode: Anschleichen-Lauern-Zuschlagen.
Nahrung Kleine bis mittelgroße Säugetiere, von Mäusen bis zu 40 kg schweren Antilopen; Vögel und selten Reptilien. In manchen Gebieten vor allem Klippschliefer. In den Schafzuchtgebieten Südafrikas und Namibias das Raubtier, das die meisten Schafe und Ziegen reisst.
Fortpflanzung 1–3 Junge, Geburtsgewicht etwa 250 g, Tragezeit ca. 79 Tage. Geburten ganzjährig mit Häufung in den Sommermonaten. Weibchen hat 3 abdominale Zitzenpaare.
Lebensdauer In Gefangenschaft bis zu 17 Jahre; frei lebend selten 10 Jahre.
Laute Typisch katzenartig, lautes Husten, Knurren, Fauchen, Schnurren und Miauen.
Vorkommen In fast allen Schutzgebieten im südlichen Afrika.

Maße
Gewicht: 7–19 kg (♂ schwerer als ♀; ein ♂ > 30 kg)
Schulterhöhe: 40–45 cm
Gesamtlänge: 70 cm–1.1 m
Schwanzlänge: 18–34 cm

rechts vorne

rechts hinten

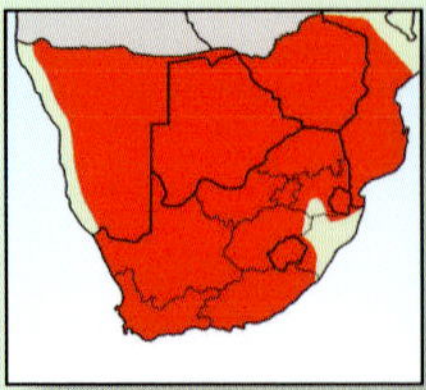

GEPARD

Acinonyx jubatus

Afrikaans: *Jagluiperd* **Englisch:** *Cheetah* **Französisch:** *Guépard*

Kennzeichen Der „Windhund" unter den Katzen mit seinem schlanken Körper und den langen Beinen, die hohe Laufgeschwindigkeiten möglich machen. Kopf klein, kurze Schnauze, deutliche schwarze Linie vom inneren Augenwinkel zur Maulecke („Tränenstreifen"). Fell hellgelbbraun, mit zahlreichen schwarzen, runden, regelmäßigen Tupfen bedeckt. Schwanz lang, schwarz getupft und geringelt, mit weißer Spitze.
Ähnlich Leopard: kräftiger, keine Tupfen sondern Rosetten, kein Tränenstreifen. Serval: kleiner.
Lebensraum Offene Gebiete, mehr oder weniger bewachsene Grassavanne.
Verhalten Vor allem tagaktiv. Einzeln, in Paaren oder in kleinen Familiengruppen (Weibchen und Junge). Erwachsene Männchen allein oder in Junggesellengruppen verwandter Tiere. Weibchen verteidigt ein Revier und vertreibt andere Weibchen. Männchen wandert durch die Wohngebiete etlicher Weibchen, ihr Wohngebiet ist oft größer als seines. Verlässt sich bei der Jagd auf Geschwindigkeit (> 70 km/h, sogar > 100 km/h), kann sie aber nicht lange einhalten.
Nahrung Mittelgroße Säugetiere, vor allem Antilopen bis zu ca. 60 kg. Auch Hasen und Vögel, sogar Strauße.
Fortpflanzung 1–5 (meist 3–4) Junge, Geburtsgewicht 250–300 g, Tragezeit ca. 92 Tage. Geburten meist ganzjährig, in manchen Gebieten saisonal. Weibchen hat 4 thorakoabdominale Zitzenpaare.
Lebensdauer Vermutlich 9–12 Jahre.
Laute „Tschirrup", „tschörr"; Weibchen ruft Junge mit „niam niam", „iehn iehn"; schnurrt, faucht.
Vorkommen Etosha, Khaudom (Namibia); Okavango, Chobe, Central Kalahari, Nxai Pan, Makgadikgadi (Botsuana); Hwange, Gonarezhou (Simbabwe); Mapungubwe, Madikwe, Krüger, Pilanesberg, Hluhluwe-Imfolozi, iSimangaliso, Greater Addo, Mountain Zebra (Südafrika).

Maße
Gewicht: 38–72 kg (meistens 40–60 kg; ♂ schwerer als ♀)
Schulterhöhe: 80 cm
Gesamtlänge: 1.6–2.2 m
Schwanzlänge: 60–80 cm

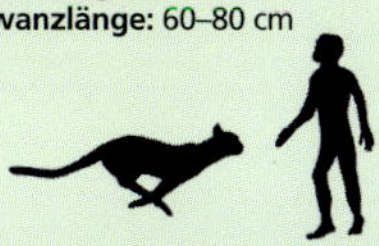

rechts vorne

rechts hinten

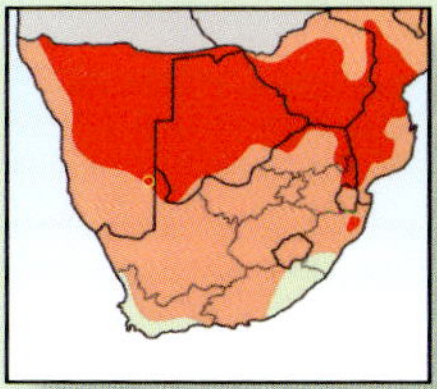

stark gefährdet

LEOPARD

Panthera pardus

Afrikaans: *Luiperd* **Englisch:** *Leopard* **Französisch:** *Léopard*

Kennzeichen Kräftige Katze. Farbe gelblichweiß bis orangerotbraun; schwarze Tupfen an Beinen, Flanken und Kopf. Die Flecken am übrigen Körper sind Rosetten (in Kreisen angeordnete unregelmäßige schwarze Tupfen). Schwanz gleich lang wie Körper, Schwanz hat weiße Spitze, Rosetten oben und wird beim Gehen gekrümmt. Ohren rund.
Ähnlich Gepard: schlanker, Beine länger, Tupfen, keine Rosetten, schwarzer „Tränenstreifen". Serval: viel kleiner, Ohren größer, zugespitzt, Schwanz kürzer, Tupfen.
Lebensraum Von Küstenebenen bis zu Bergketten, von Halbwüsten bis zu feuchten Wäldern.
Verhalten Oft nachtaktiv, aber auch untertags, wenn er nicht gejagt oder gestört wird. Einzeln, außer zur Paarung, oder Weibchen mit Jungen. Erwachsenes Männchen markiert und verteidigt Revier; sein Wohngebiet kann das mehrerer Weibchen überlappen. Lebt am Boden, klettert und schwimmt aber gut. Jagdmethode: Anschleichen - Zuschlagen.
Nahrung Sehr abwechslungsreich, von Insekten bis zu großen Säugetieren. Erbeutet am häufigsten kleine bis mittelgroße Antilopen.
Fortpflanzung 2–3 Junge (selten mehr), Geburtsgewicht ca. 500 g, Tragezeit etwa 100 Tage. Geburten finden ganzjährig statt. Weibchen hat 2 abdominale Zitzenpaare.
Lebensdauer Freilebend 9–14 Jahre.
Laute Territoriales „Schnarchen", 13–16 „Schnarchzüge" in 12 Sekunden, wird alle paar Minuten wiederholt.
Vorkommen Namib-Naukluft, Etosha, Khaudom, Caprivi (Namibia); Okavango, Moremi, Chobe, Nxai Pan, Central Kalahari (Botsuana); Hwange, Mana Pools, Gonarezhou, Matobo (Simbabwe); Banhine, Gorongoza (Mosambik); Kgalagadi, Augrabies, Cedarberg, Madikwe, Pilanesberg, Marakele, Mapungubwe, Krüger, Ndumo, uMkhuze, iSimangaliso, Hluhluwe-Imfolozi (Südafrika).

Maße
Gewicht: ♂ 20–90 kg; ♀ 17–60 kg
Schulterhöhe: 70–80 cm
Gesamtlänge: 1.6–2.1 m
Schwanzlänge: 68 cm–1.1 m

rechts vorne

rechts hinten

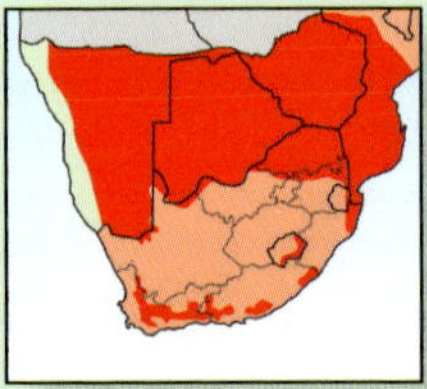

LÖWE

Panthera leo

Afrikaans: *Leeu* **Englisch:** *Lion* **Französisch:** *Lion*

Kennzeichen Größte Katze der Region. Farbe variiert von hellgelbbraun zu rötlichgrau. Unterseite heller, bei den Jungtieren mit undeutlichen dunkleren Flecken übersäht. Schwanz gleiche Farbe wie Körper mit dunkelbrauner oder schwarzer Quaste. Ausgewachsenes Männchen hat lange Mähne vom Gesicht über Hals, Schultern bis zur Brust.
Ähnlich Unverwechselbar.
Lebensraum Von Wüstenrändern bis zu Baumsavanne und offener Grassavanne. Ausgesprochenes Savannentier.
Verhalten Nachtaktiv; die Löwinnen jagen zusammen, in der Nacht oder in kühleren Tagesstunden. Gesellig, in Rudeln von 3–30 Tieren. Jedes Rudel besteht aus einem Kern verwandter Weibchen, deren noch abhängigem Nachwuchs und gewöhnlich einer Koalition von 2 oder mehr erwachsenen Männchen. Junge Männchen verlassen das Rudel und bilden Koalitionen. Übernimmt ein neues Männchen ein Rudel, tötet er meist die Jungtiere.
Nahrung Vor allem mittelgroße oder große Säuger, meist Huftiere. Verjagt auch andere Raubtiere von deren Beute.
Fortpflanzung 1–4 Junge, Geburtsgewicht 1.5 kg, Tragezeit 110 Tage. Keine fixe Brunftzeit. Weibchen säugt auch die Jungen anderer innerhalb des Rudels. Weibchen hat 2 abdominale Zitzenpaare.
Lebensdauer Wildlebend 13–15 Jahre.
Laute Gebrüll beginnt mit einigen leisen Seufzern, gefolgt von 4–18 sehr lauten Brülllauten und endet mit etwa 15 Knurrlauten; es kann bis zu 8 km weit gehört werden. Andere Laute sind mit Interaktionen innerhalb der Gruppe verbunden.
Vorkommen Skeleton Coast, Etosha, Khaudom, Caprivi (Namibia); Okavango, Chobe, Central Kalahari, Makgadikgadi, Nxai Pan (Botsuana); Hwange, Mana Pools, Gonarezhou (Simbabwe); Mapungubwe, Marakele, Madikwe, Pilanesberg, Krüger, iSimangaliso, Thembe, Hluhluwe-Imfolozi, Greater Addo (Südafrika).

Maße
Gewicht: ♂ 150–225 kg; ♀ 110–152 kg
Schulterhöhe: ♂ 1.2 m; ♀ 1 m
Gesamtlänge: ♂ 2.5–3.3 m; ♀ 2.3–2.7 m
Schwanzlänge: 1 m

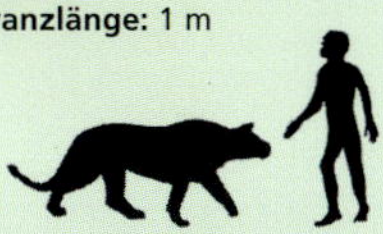

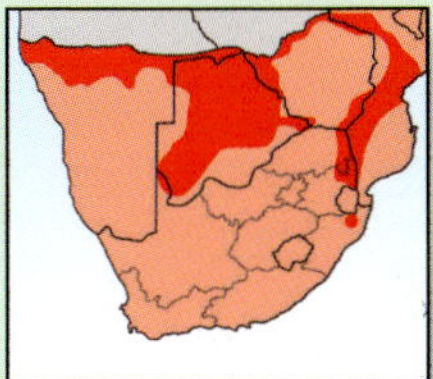

KLIPPSCHLIEFER

Procavia capensis

Afrikaans: *Klipdassie* **Englisch:** *Rock hyrax (dassie)* **Französisch:** *Daman de rocher*

Kennzeichen Klein, gedrungen, kurze Beine, kein Schwanz. Farbe unterschiedlich hell- bis dunkelbraun. Nackte Drüse in Rückenmitte von langen schwarzen oder braunen, aufstellbaren Haaren umgeben. Bei Unterart Kaokoveld-Klippschliefer (*P.c.welwitschii*) in Nordnamibia sind diese Haare weiß oder gelb.
Ähnlich Buschschliefer: im Nordosten, grau mit hellgelbem Fleck am Rücken. Baumschliefer: auf den Osten begrenzt und in anderem Habitat, heller Rückenfleck.
Lebensraum Vor allem in Berg- und Hügelketten, auch in alleinstehenden felsigen Hügeln. Inzwischen in manchen Gebieten auch in losen Felsansammlungen, in Straßenunterführungen und in Erdlöchern, die von anderen Tieren gegraben wurden.
Verhalten Tagaktiv. Lebt in Gruppen von 4–8 Tieren, manchmal mehr, bei gutem Nahrungsangebot leben Gruppen dicht beieinander. Früh am Morgen sonnt er sich, bevor er auf Nahrungssuche geht; sonnt sich auch am Abend wieder, vor allem im Winter. Jede Kolonie hat eine strikte Rangordnung und ein dominantes Paar. Entfernt sich selten weiter als ein paar Hundert Meter vom Unterschlupf. Wird von größeren Adlerarten, Karakal, Leopard und Menschen gejagt. Populationszahlen gehen periodisch stark zurück, vermutlich aufgrund von Krankheiten.
Nahrung Verschiedene Pflanzen, vor allem Blätter, Knospen und Blüten. In Dürreperioden fressen sie auch Baumrinde.
Fortpflanzung 1–3 (selten bis 5) gut entwickelte Junge, Geburtsgewicht 150–300 g, Tragezeit ca. 210 Tage. Geburten sehr saisonal, aber in verschiedenen Gebieten unterschiedlich. Weibchen hat 1 Paar thorakale und 2 Paar inguinale Zitzen.
Lebensdauer Freilebend 4–8 Jahre.
Laute Scharfes Warnbellen, endet oft in Keuchen; schwatzt und faucht in der Gruppe; Junge zwitschern.
Vorkommen Häufig und weit verbreitet.

Maße
Gewicht: 2–5 kg
(♂ im Durchschnitt etwas schwerer als ♀)
Schulterhöhe: 15–22 cm
Gesamtlänge: 40–60 cm

rechts vorne

rechts hinten

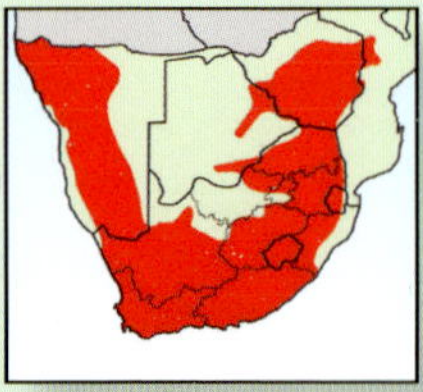

BUSCHSCHLIEFER

Heterohyrax brucei

Afrikaans: *Geelkoldassie* **Englisch:** *Yellow-spotted rock hyrax (dassie)* **Französisch:** *Daman de Bruce*

Kennzeichen Dem Klippschliefer sehr ähnlich, aber etwas kleiner; Kopf schmaler und oft heller. Aufgrund der Körperfarbe werden manchmal 2 Unterarten unterschieden: eine eher braun, die andere eher grau, bei beiden ist der Rückenfleck hell. Lange, gelblichweiße, aufstellbare Haare um die zentrale Rückendrüse. Oft ist ein heller Fleck über den Augen vorhanden. Unterseite kann heller sein oder sogar schmutzig weiß.
Ähnlich Klippschliefer: dunkle Haare um Rückendrüse; innerhalb desselben Verbreitungsgebiets sonnen sie sich oft miteinander und teilen Felsspalten.
Lebensraum Bergige Gebiete und felsige Hügellandschaft, auch einzelne felsige Hügel in offener Ebene.
Verhalten Hauptsächlich tagaktiv, frisst in der Früh und am Spätnachmittag. Klettert zum Fressen oft auf Bäume. Kleine Kolonien, bei passendem Habitat sehr dicht aufeinander, bis zu 20–53 Tiere pro Hektar (Matobo in Simbabwe). Jede Gruppe besteht aus einem dominanten Männchen, etlichen Weibchen und deren Jungen bis zum Alter von 2 Jahren. Entfernt sich selten so weit vom Unterschlupf weg wie Klippschliefer.
Nahrung Frisst meist in Bäumen und Büschen, kaum auf Grasflächen oder in niedrigen Gewächsen. Dieser Unterschied zum Klippschliefer reduziert Konkurrenz zwischen den beiden Arten.
Fortpflanzung 1–3 (gewöhnlich 2) Junge (Geburtsgewicht 225 g, Tragezeit etwa 200 Tage) werden im März und April in Matobo geboren; dies ist vermutlich im ganzen Verbreitungsgebiet der Fall. Weibchen hat 1 Paar thorakale und 2 Paar inguinale Zitzen.
Lebensdauer Vermutlich 10 Jahre.
Laute Schrilles Warnbellen; Männchen verteidigt Revier mit „knatterndem Bellen“. Innerhalb der Kolonie: Zwitschern und Schwatzen.
Vorkommen Mapungubwe, Marakele (Südafrika); Mana Pools, Gonarezhou, Matobo (Simbabwe).

Maße
Gewicht: 1.3–4.5 kg
Schulterhöhe: 15–20 cm
Gesamtlänge: 32–56 cm

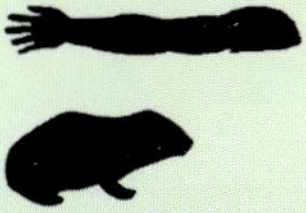

rechts vorne

rechts hinten

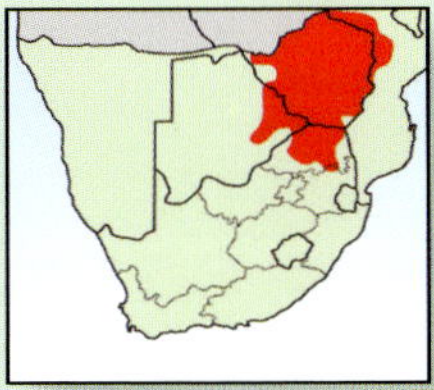

ERDFERKEL *Orycteropus afer*

Afrikaans: *Erdvark* **Englisch:** *Aardvark, Antbear* **Französisch:** *Oryctérope du Cap, Cochon de terre*

Kennzeichen Lange, schweinsartige Schnauze; lange, röhrenförmige Ohren; känguruähnlicher Schwanz; kräftige, stämmige Beine mit schaufelartigen dicken Krallen. Körperfarbe graurotbraun, oft mit der Farbe der örtlichen Erde getönt. Körper spärlich mit rauen, borstenartigen Haaren bedeckt, Haare auf Schwanz und Beinen oft schwarz. Rücken deutlich gewölbt; unregelmäßiger Gang.
Ähnlich Kann kaum verwechselt werden.
Lebensraum Kann in fast allen Habitaten gefunden werden.
Verhalten Meist nachtaktiv, in Dürreperioden und an kühlen Tagen auch tagsüber. Fast immer allein, außer wenn Weibchen von einem Jungen begleitet wird. Gräbt weitläufige Bausysteme; die von ihm gerade bewohnten haben oft zahlreiche kleine Fliegen am Eingang. Auf Futtersuche scheint es ziellos umherzuwandern, bis es eine Ameisen- oder Termitenkolonie findet, dann reißt es den Hügel mit seinen massiven Vorderkrallen auf und schleckt Termiten und Ameisen mit seiner langen, klebrigen Zunge auf.
Nahrung Ameisen und Termiten.
Fortpflanzung Ein Junges, Geburtsgewicht ca. 2 kg, Tragezeit etwa 210 Tage. Sowohl schwangere Weibchen als auch Junge wurden in fast allen Monaten nachgewiesen, gehäuft vermutlich in der Regenzeit. Weibchen hat 1 inguinales und 1 abdominales Zitzenpaar.
Lebensdauer 18–24 Jahre möglich.
Laute Grunzen und Schnüffeln; kalbähnliches Brüllen.
Vorkommen Etosha, Khaudom, Waterberg, Caprivi (Namibia); Okavango, Chobe, Nxai Pan, Central Kalahari (Botsuana); Hwange, Mana Pools, Gonarezhou (Simbabwe); Banhine, Gorongoza (Mosambik); Kgalagadi, Augrabies, West Coast, Agulhas, Karoo, Greater Addo, Pilanesberg, Madikwe, Marakele, Mapungubwe, Krüger, Golden Gate, Willem Pretorius, Ithala, iSimangaliso, Hluhluwe-Imfolozi (Südafrika).

Maße
Gewicht: 40–70 kg
(♂ nur etwas schwerer als ♀)
Schulterhöhe: 60 cm
Gesamtlänge: 1.4–1.8 m
Schwanzlänge: 45–60 cm

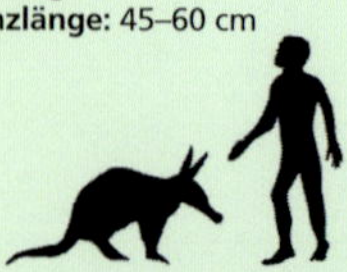

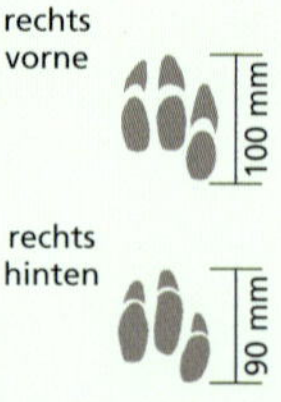

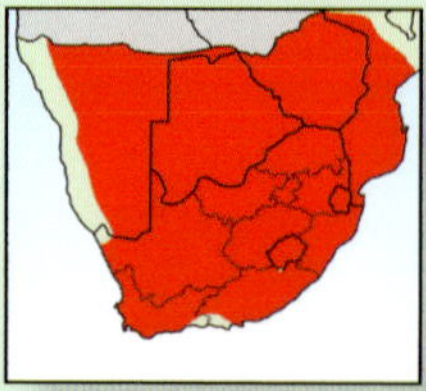

STEPPENSCHUPPENTIER *Manis temmincki*

Afrikaans: *Ietermagô* **Englisch:** *Ground pangolin* **Französisch:** *Pangolin terrestre du Cap*

Kennzeichen Flanken, Rücken und Schwanz mit großen Schuppen bedeckt. Rollt sich bei Gefahr zusammen, um die weiche Unterseite zu schützen. Winziger, zugespitzter Kopf ohne Zähne. Hinterbeine und Schwanz kräftig. Gräbt mit kurzen Vorderbeinen Beute aus.
Ähnlich Keine ähnliche Art in der Region.
Lebensraum Zieht trockene Baumsavannen vor, lebt aber auch in Grassavannen und Halbwüsten; in Gebieten mit Niederschlag zwischen 250 und 1 400 mm. Kommt in Südafrika nicht südlich des Oranje (Gariep)-Flusses vor, vermutlich aufgrund der kalten Winter, in denen Ameisen nicht aktiv sind.
Verhalten Vor allem nachtaktiv, aber auch in der Dämmerung. Geht an bewölkten Tagen und in Dürreperioden, wenn Futter rarer ist, auch untertags auf Futtersuche. Kann selbst seinen Bau ausgraben, verwendet aber meist einen von anderen Tierarten. Verschließt den Bau oft von innen. Einzelgänger, außer wenn Weibchen von einem Jungen begleitet wird, dieses klammert sich nahe der Schwanzwurzel an ihren Rücken. Jedes Tier hat etliche Baue, und versteckt sich auch in dichter Vegetation in einem Wohngebiet zwischen 10 und 1100 ha. Größe ist vom Nahrungsangebot abhängig.
Nahrung Gewisse Ameisen- und Termitenarten, deren Eier und Larven.
Fortpflanzung Ein Junges, Geburtsgewicht 330–450 g, Tragezeit 140 Tage. Geburtensaison nicht genau bekannt, in der Region wahrscheinlich in den Wintermonaten. Weibchen hat 1 thorakales Zitzenpaar.
Lebensdauer Keine Angaben.
Laute Meist still, auf Futtersuche Schniefen und Schnauben.
Vorkommen Etosha, Khaudom, Caprivi, Waterberg (Namibia); Okavango, Chobe, Central Kalahari (Botsuana); Hwange, Mana Pools, Gonarezhou (Simbabwe); Kgalagadi, Pilanesberg, Madikwe, Mapungubwe, Krüger (Südafrika).

Maße
Gewicht: 5–18 kg
(selten > 16 kg)
Gesamtlänge: 70 cm–1.4 m
(selten > 1.2 m)
Schwanzlänge:
30–45 cm

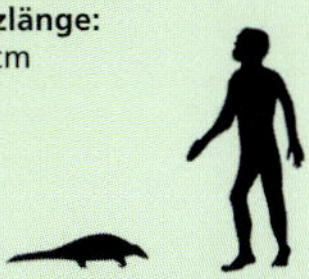

rechts
hinten

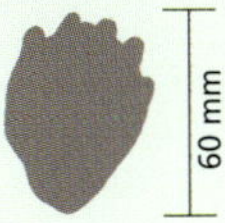

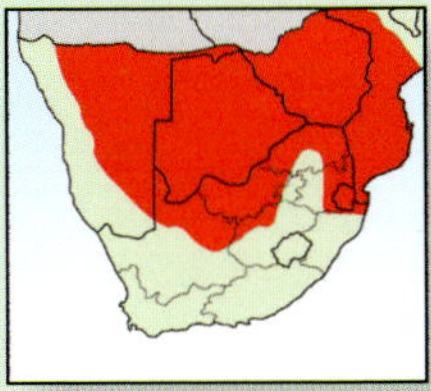

stark gefährdet

VIERZEHENRÜSSELRATTE

Petrodromus tetradactylus

Afrikaans: *Viertoonklaasneus* **Englisch:** *Four-toed sengi* **Französisch:** *Pétrodrome à quatre orteils*

Kennzeichen Ein großer Rüsselspringer. Beine und Füße hinten viel länger als vorne. Lange, schmale, bewegliche Nase und ziemlich lange dünne Ohren. Fell weich und dicht, oben mittelbraun mit leichte orange oder rotbrauner Tönung. Unterseite fast weiß, mit gelber oder orange Tönung an den Flanken. Augen groß, mit weißem Ring.
Ähnlich Viel größer als die anderen 8 Rüsselspringer der Region; Verbreitungsgebiet überlappt das von 3 anderen nur am Rande, Differenzierung durch Habitate möglich. Rüsselähnliche Schnauze (*'flute snoot'*) unterscheidet sie von den Nagetieren gleicher Größe.
Lebensraum Gebiete mit dichter Vegetation, Dickicht um Felshügel, dichte Baumsavanne, Galeriewald und trockenere Küstenwälder.
Verhalten In der Nacht, am frühen Morgen und späten Nachmittag aktiv. Paare besetzen und verteidigen vermutlich sich überschneidende Reviere, Männchen vertreiben Männchen und Weibchen andere Weibchen. Jedes Revier (Größe in der Region nicht bekannt, in Kenia etwa 1.2 ha) hat ein Wegnetzwerk, das regelmäßig kontrolliert und gesäubert wird. Pfade weisen alle 40–100 cm kahle Stellen auf, ein Resultat des hüpfenden Ganges des Tieres.
Nahrung Vor allem Insekten, einschließlich Termiten und Ameisen.
Fortpflanzung 1 (selten 2) Junge, Geburtsgewicht ca. 32 g, Tragezeit etwa 60 Tage. Zur Zeit der Geburt schon gut entwickelt, bewegen sie sich bald frei herum. Geburtenhäufung vermutlich von August bis Oktober. Weibchen hat 1 Paar thorakale, 2 Paar abdominale Zitzen.
Lebensdauer Ein Tier lebte in Gefangenschaft 6 Jahre 7 Monate.
Laute Schrilles Quietschen; trommelt mit den Hinterfüßen und dem Schwanz auf den Boden.
Vorkommen In beschränktem Verbreitungsgebiet recht häufig. Ndumo, Phinda, Thembe, iSimangaliso, Krüger (Südafrika).

Maße
Gewicht: 160–280 g
Gesamtlänge: 35 cm
Schwanzlänge: 16 cm

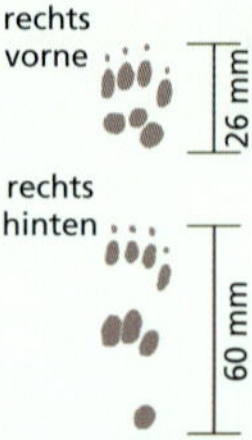

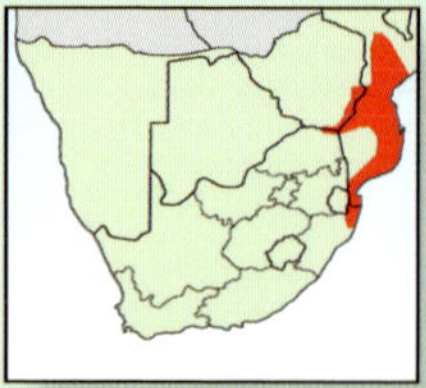

KURZOHRRÜSSELSPRINGER *Macroscelides proboscideus*

Afrikaans: *Rondeoorklaasneus* **Englisch:** *Round-eared sengi* **Französisch:** *Macroscélide à oreilles courtes*

Kennzeichen Auffallende rüsselähnliche Nase. Ohren rund und breit, hat keinen weißen Augenring. Im Süden graubraun (manche eher braun) mit weißlicher Unterseite; Tiere im Norden allgemein heller, in der Namibwüste beige mit hellem Schwanz. Es kann sich auch um eine Gruppe von 3 verschiedenen Arten handeln.
Ähnlich Trockenland-Elefantenspitzmaus: nur im Norden, längere Ohren und weißer Augenring.
Lebensraum Offenes Gelände mit niedrigem Gestrüpp und wenig Gras; Boden kann sandig oder steinig sein.
Verhalten Am frühen Morgen, späten Nachmittag und in der Nacht aktiv, an kühlen und bewölkten Tagen sogar den ganzen Tag über. Meist einzeln gesehen, lebt aber vermutlich in Paaren in gemeinsamen oder sich überschneidenden Revieren. Geschickter Gräber, versteckt sich aber auch unter Felsen und in dichter Vegetation, letzteres eher nur im Notfall. Jagt von geschütztem Schattenplatz, schießt hervor, um Beute zu greifen und zieht sich schnell wieder zurück. Verfällt in eine Art Kältestarre, sonnt sich auch am Baueingang.
Nahrung Ein Allesfresser, verzehrt verschiedene Insekten, aber 50% des Futters bestehen aus Blättern und Körnern.
Fortpflanzung 2 gut entwickelte Junge (selten nur eins), Geburtsgewicht 6–8 g, Tragezeit ca. 64 Tage. Geburten ganzjährig, nehmen im Sommer ab; regionale Unterschiede bestehen. Weibchen hat 1 Paar thorakale und 2 Paar abdominale Zitzen.
Lebensdauer Ein Tier lebte in Gefangenschaft etwas über 6 Jahre.
Laute Quietscht wenn es angegriffen wird; trommelt mit den Hinterbeinen auf den Boden.
Vorkommen Auf den Westen beschränkt, aber dort häufig. Skeleton Coast, Namib-Naukluft, Fish River (Namibia); Richtersveld, Augrabies, Namaqua, Tankwa, Karoo, Greater Addo, Camdeboo (Südafrika).

Maße
Gewicht: 31–47 g
Gesamtlänge: 23 cm
Schwanzlänge: 12 cm

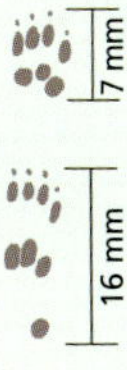

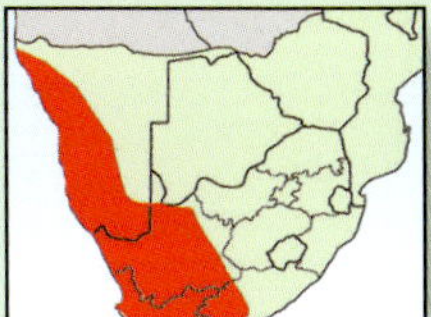

TROCKENLAND-ELEFANTENSPITZMAUS *Elephantulus intufi*

Afrikaans: *Bosveldklaasneus* **Englisch:** *Bushveld sengi* **Französisch:** *Rat à trompe jaune*

Kennzeichen Typischer Rüsselspringer, längliche, röhrenförmige Nase, ziemlich lange Ohren. Füße hinten viel länger als vorne. Körperfarbe unterschiedlich: im Osten strohgelbbraun mit schwarzen Haaren durchsetzt; im Westen hellgelbbraun, weniger meliert; im Norden ganz grau. Alle sind unten sehr hell oder sogar weiß und haben deutlichen Ring weißer kurzer Haare um die Augen.
Ähnlich Kurzohrrüsselspringer: Ohren kürzer, runder; meist in mehr offenem Terrain. Westliche Klippen-Elefantenspitzmaus: auch in Namibia, aber in felsigem Habitat.
Lebensraum Gebiete mit Niederschlag zwischen 150 und 450 mm; vermeidet ganz offene Landstriche, sogar kurzes Gestrüpp reicht als Deckung; meist sandiger Boden.
Verhalten Tag- und nachtaktiv. Nahrungssuche hauptsächlich in der Dämmerung. Ein monogames Paar teilt ein Wohngebiet oder besetzt sich überschneidende. Manche Tiere graben Erdlöcher unter niedrigen Büschen oder Grasbüscheln, andere haben Baue (keine Löcher) in dichtem Gebüsch oder in Felshaufen. Benützt dieselben Pfade zwischen Unterschlupfen. Jagt untertags vom Schatten aus, selten in Gebieten ohne Deckung.
Nahrung Insekten, vor allem Ameisen.
Fortpflanzung 1–3 (gewöhnlich 2) gut entwickelte Junge, Geburtsgewicht ca. 8 g, Tragezeit etwa 56 Tage. In manchen Gebieten Geburten von August bis März, in Namibia vermutlich ganzjährig. Weibchen hat 1 Paar inguinale, 2 Paar abdominale Zitzen.
Lebensdauer Unbekannt.
Laute Sehr hohes Quietschen; Fußtrommeln in unterschiedlichem Tempo.
Vorkommen Etosha, Skeleton Coast, Namib-Naukluft (Namibia); Central Kalahari (Botsuana); Mapungubwe, Kgalagadi, Augrabies (Südafrika).

Maße
Gewicht: 35–74 g (50 g)
Gesamtlänge: 21–27 cm (durchschnittlich 24 cm)
Schwanzlänge: 10–14 cm (12 cm)

rechts vorne

rechts hinten

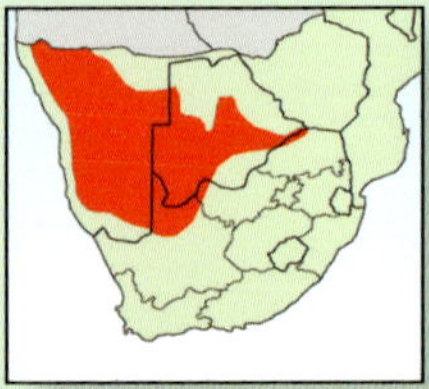

WESTLICHE KLIPPEN-ELEFANTENSPITZMAUS

Elephantulus rupestris

Afrikaans: *Westelike klipklaasneus* **Englisch:** *Western rock sengi* **Französisch:** *Rat à trompe des rochers de l'ouest*

Kennzeichen Es gibt in der Region 7 Arten der Gattung *Elephantulus*: das Verbreitungsgebiet von vieren überschneidet sich mit diesem, 2 können im selben Habitat vorkommen werden. Im Freien schwer zu differenzieren. Im Süden gelblichbraun, stark mit Schwarz durchsetzt, großer, rotbraungelblicher Fleck unter dem Ohr. Flanken und Unterseite grauweiß; weißlicher Augenring. Tiere in Namibia im allgemeinen viel heller.
Ähnlich Östliche Klippen-Elefantenspitzmaus: nur im Südosten überschneidend. Kap- und Karoo-Klippen-Elefantenspitzmaus: nur im Süden. Nagetiere mit ähnlicher Farbe haben keine rüsselartige Nase.
Lebensraum Felsige Hügel, Felshaufen und Hügelketten.
Verhalten Vor allem tagaktiv, aber auch in der Nacht. Nahrungssuche findet untertags statt, mit Rastperioden dazwischen. Bleibt im Schatten, kommt blitzschnell hervor, um Insekten zu ergreifen, nimmt sie zum Fressen mit in den Schatten. Sonnt sich in den frühen Morgenstunden, vor allem nach kalten Nächten. Fällt in Kälteperioden in Kältestarre.
Nahrung Insekten, vor allem Ameisen und Termiten, machen 90% der Nahrung aus.
Fortpflanzung 1–2 gut entwickelte Junge, Geburtsgewicht 9–10 g, Tragezeit etwa 56 Tage. Die meisten Geburten finden in der Regenzeit statt (September-April). Weibchen hat 1 Paar thorakale und 2 Paar abdominale Zitzen.
Lebensdauer Keine Aufzeichnungen für diese Art. Freilebend vermutlich 4–5 Jahre.
Laute Hohes Quietschen in Serie; Trommeln mit den Hinterbeinen ist häufig.
Vorkommen Namib-Naukluft, Fish River (Namibia); Richtersveld, Augrabies, Mokala, Mountain Zebra, Camdeboo, Greater Addo (Südafrika).

Maße
Gewicht: 54–78 g
(Durchschnitt: 65 g)
Gesamtlänge: 28 cm
Schwanzlänge: 15 cm

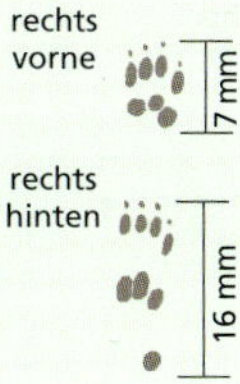

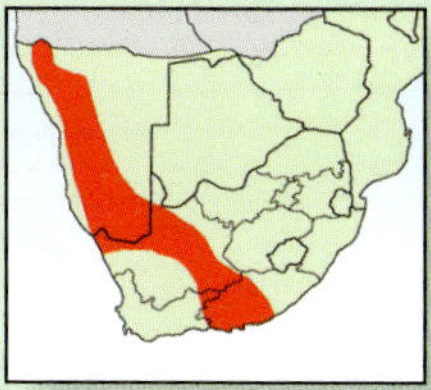

SÜDAFRIKANISCHER IGEL

Atelerix frontalis

Afrikaans: *Krimpvarkie* **Englisch:** *Southern African hedgehog* **Französisch:** *Hérisson d'Afrique du Sud*

Kennzeichen Von Stirn über Rücken zum Steiß und an den Flanken mit kurzen, starken, spitzen Stacheln bedeckt. Stacheln an Ansatz und Spitze weiß, dazwischen dunkelbraun oder schwarz. Gesicht, Beine und Schwanz mit dunklem oder graubraunem Haar bedeckt; Unterseite weißlich oder schwarz. Weißes Haarband von Stirn bis unter beide Ohren, manchmal weißer Fleck unter den Augen. Schwanz kurz, nicht sichtbar; Beine relativ lang; Ohren abgerundet.
Ähnlich Stachelschwein: viel größer, lange Stacheln, sehr kleine, runde Ohren.
Lebensraum Überall, außer in echten Wüsten und sehr feuchten Gebieten (über 800 mm Niederschlag).
Verhalten Nachtaktiv, in der Regenzeit auch tagsüber unterwegs. Versteckt sich in trockenen Laubhaufen und in Erdlöchern, die von anderen Tierarten gegraben wurden. Feste Unterschlupfe werden nur von Weibchen mit ihren Jungen verwendet, oder bei Winterschlaf (Mai - Juli). Einzeln, außer Weibchen mit Jungen. Geruchssinn und Gehör sehr gut, sieht aber schlecht. Bei Gefahr rollt er sich zu einem engen Ball zusammen; die Stacheln beschützen dabei Kopf und Unterseite.
Nahrung Insekten, Tausendfüßler, Regenwürmer, Mäuse, Eidechsen, Pilze und manchmal Früchte.
Fortpflanzung 1–9 (im Durchschnitt 4) Junge, Geburtsgewicht 9–11 g, Tragezeit etwa 35 Tage, Geburten meist im Sommer. In der 6. Lebenswoche entwickeln sie harte Stacheln und gehen mit der Mutter auf Nahrungssuche. Weibchen kann in einer Saison mehrere Würfe haben; es hat 2 Paar thorakale, 1 Paar abdominale Zitzen (gelegentlich mehr).
Lebensdauer 3–7 Jahre.
Laute Schnaubt, schnüffelt und knurrt; hoher Warnschrei.
Vorkommen Etosha, Waterberg (Namibia); Hwange (Simbabwe); Krüger, Madikwe, Mapungubwe, Pilanesberg, Mountain Zebra, Camdeboo, Greater Addo (Südafrika).

Maße
Gewicht: 230–480 g (Durchschnitt 400 g) (♂ im Durchschnitt schwerer als ♀)
Gesamtlänge: 20 cm
Schwanzlänge: 2 cm

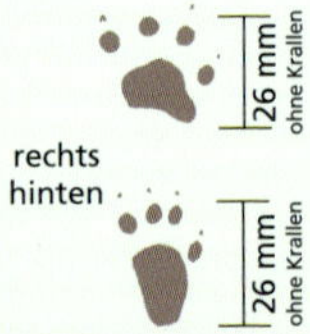

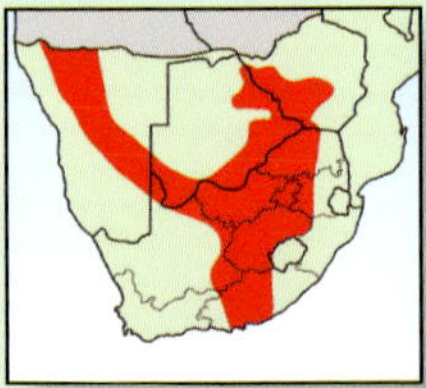

WEISSZAHNSPITZMÄUSE

Crocidura spp.

Afrikaans: *Muskusskeerbekke* **Englisch:** *White-toothed (musk) shrews* **Französisch:** *Crocidure*

Kennzeichen Neun der 17 Spitzmausarten in der Region sind Weißzahnspitzmäuse. Alle sind sich ziemlich ähnlich. Weißzahnspitzmäuse sind klein, mit langen, keilförmigen Schnauzen und kurzen Beinen. Kurzes weiches Fell ist grau, schwarz, rotbraun oder braun. Spärliche, lange borstige Haare am Schwanz. Zähne weiß.
Ähnlich Waldspitzmäuse (*Myosorex* spp.): 4 Arten, keine borstigen Haare am Schwanz. Dickschwanz-Spitzmäuse (*Suncus* spp.): 3 Arten, lange Haare am Schwanz, schwer von den kleinsten Weißzahnspitzmäusen zu unterscheiden.
Lebensraum In fast allen Habitaten, von Sümpfen bis zu hohen Bergen, Küstendünen, Wäldern, Wüsten und Gebieten mit hohem Niederschlag. Fast überall wird mehr als 1 Art angetroffen.
Verhalten Laufend wechseln Aktivitätsperioden mit Ruheperioden ab. Wenige Arten wurden erforscht; diese markieren und verteidigen feste Wohngebiete. Meist einzeln, bei guten Bedingungen in hohen Zahlen auf kleinem Raum. Manche leben in kurzen Bauen, andere bauen ein Nest in dichter Vegetation. Auf Nahrungssuche folgen sie Pfaden, die speichenförmig vom Bau wegführen.
Nahrung Insekten, auch verschiedene Wirbellose wie Regenwürmer, Schnecken und Spinnen. Größere Arten jagen auch junge Mäuse und kleine Eidechsen.
Fortpflanzung 2–6 nackte, hilflose Junge, Geburtsgewicht 1 g, Tragezeit etwa 18 Tage. Geburten ganzjährig möglich, mit saisonaler Häufung; Weibchen kann mehrere Würfe haben. Weibchen aller Arten haben 3 inguinale Zitzenpaare.
Lebensdauer Nur 16–18 Monate.
Laute Zwitschern auf Nahrungssuche; scharfes Quietschen als Warnruf oder im Konflikt.
Vorkommen Einige Arten sehr lokalisiert, andere weit verbreitet und häufig. In fast allen Schutzgebieten kommen eine oder mehrere Arten vor.

Maße
Gewicht: 6–45 g
Gesamtlänge: 10–22 cm
Schwanzlänge: 3–9 cm
(Schwanz < halbe Gesamtlänge)

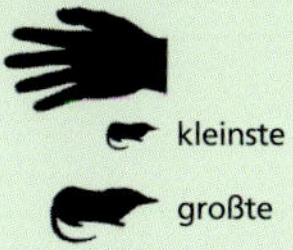

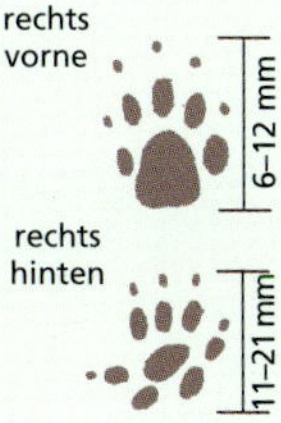

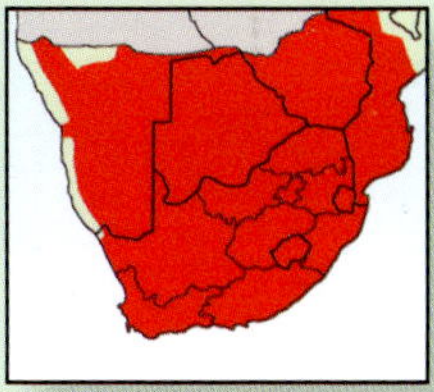

GOLDMULLE

Familie Chrysochloridae

Afrikaans: *Gouemolle* **Englisch:** *Golden moles* **Französisch:** *Taupes dorées*

Kennzeichen: 18 Arten in der Region, alle sehr ähnlich und ohne Untersuchung der Zahnstruktur und DNA schwer zu unterscheiden. Augen, Ohren und Schwanz nicht sichtbar. Fell weich und glänzend, kann silbrigweiß, dunkelbraun oder sogar schwarz sein, meistens jedoch braun. Zwei starke, lange Krallen an den Vorderbeinen. Gummiartiges Kissen an der Nase.
Ähnlich Sandgräber: sehr kleine aber sichtbare Augen, winzige Ohröffnung, 2 Paar sehr große Schneidezähne, kurzer, flacher Schwanz und je 3 starke, lange Krallen an den Vorderbeinen.
Lebensraum Dünen in der Namibwüste, hochgelegene Grasebenen und feuchte Wälder. Die meisten Arten leben in sandigem Boden, einige auch in lehmhaltigem, keine kann schwere Lehmböden tolerieren.
Verhalten Leben meist unterirdisch, sind dort tag- und nachtaktiv. Einige (wie Grant-G.) kommen zur Nahrungssuche recht oft an die Oberfläche, dann aber nur in der Nacht. Alle Arten haben sowohl tiefere, dauerhafte Tunnel als auch oberflächliche, die zur Nahrungssuche dienen und oft sichtbare Muster in den Sand zeichnen. Mindestens 2 Arten werfen auch wie die Sandgräber Hügel auf.
Nahrung Insekten und andere Wirbellose, einschließlich Regenwürmern; manche fressen kleine Reptilien.
Fortpflanzung 1–2 Junge, nackt und hilflos. Neugeborene der Gattung *Amblysomus* wiegen ca. 5 g. Manche Arten pflanzen sich in der nassen Jaheszeit fort, wenn genug Futter vorhanden ist; andere in den kühleren, trockeneren Monaten; wieder andere - vielleicht die meisten - ganzjährig. Weibchen hat 1 abdominales und 1 inguinales Zitzenpaar.
Lebensdauer Nicht bekannt.
Laute Quietscht scharf, wenn angegriffen.
Vorkommen In Schutzgebieten Südafrikas weit verbreitet; in Namibia nur 1 Art beschränkt auf Namib-Naukluft; keine in Botsuana; 2 am Rande in Ostsimbabwe.

Maße
Gewicht: 16–538 g
Gesamtlänge: 7–23 cm

kleinster

größter

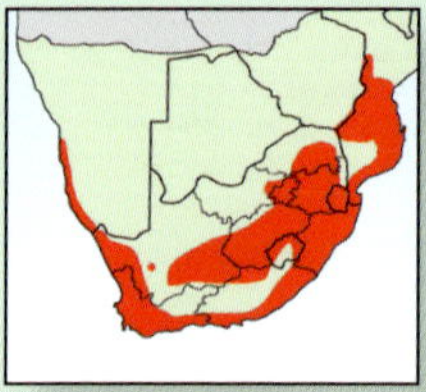

PALMENFLUGHUND

Eidolon helvum

Afrikaans: *Geelvrugtevlermuis* **Englisch:** *Straw-coloured fruit-bat* **Französisch:** *Rousette des palmiers*

Kennzeichen Größte Fledermaus in der Region. Hundeartiges Gesicht, große, rotbraune Augen und große, runde Ohren. Flügel lang und zugespitzt, dunkelbraun oder schwarz. Körperfarbe unterschiedlich von matt gelblichgraubraun bis zu kräftigem Gelbbraun, Unterseite heller. Hinterteil und Beine meist dunkler als Körper. Schwanz sehr kurz.
Ähnlich Ägyptischer Flughund: kleiner, dunkelbraun oder graubraun. Epaulettenflughunde: deutliche weiße Haarbüschel auf der Schulter und unten an den Ohren.
Lebensraum Meist in tropischen Wäldern, breiten sich aber doch in diese Region aus und man kann sie fast überall erwarten; weniger häufig im trockenen Westen.
Verhalten Nachtaktiv; sucht Nahrung nach Sonnenuntergang, kann etliche Kilometer fliegen, um Bäume mit Früchten zu finden. In dieser Region meist nur einzeln oder in kleinen Gruppen gesehen, aber in den Tropen bilden sie große Kolonien (Hunderttausende bis Millionen). Die nächsten bekannten Kolonien in Nordostsambia und Zentralmosambik. Schlafplätze sind sehr laut und übelriechend, Tiere streiten sich um die besten Plätze. In der Region wenig bekannt.
Nahrung Viele verschiedene Früchte, wild wachsend und angebaut.
Fortpflanzung Pflanzen sich in der Region nicht fort. In den Tropen: ein Junges (sehr selten zwei), Geburtsgewicht 40–50 g, Tragezeit 120 Tage. Bis zum Alter von 6 Wochen wird das Junge von der Mutter zu den Fressplätzen mitgetragen. Weibchen hat 1 thorakales Zitzenpaar.
Lebensdauer Ein gefangenes Tier lebte über 21 Jahre.
Laute Quietscht, schreit und schwatzt in der Kolonie, im Flug meist still. In den großen Kolonien kann der Geräuschpegel sehr hoch sein.
Vorkommen Ein Zugtier aus den Tropen, das überall auftauchen kann.

Maße
Gewicht: 230–350 g
Flügelspannweite: 75 cm
Unterarm: 11.5 cm
Gesamtlänge: 19 cm
Schwanzlänge: 4–20 cm

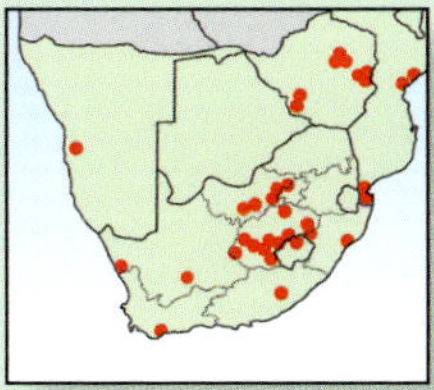

WAHLBERG-EPAULETTENFLUGHUND *Epomophorus wahlbergi*

Afrikaans: *Wahlberg-witkolvrugtevlermuis* **Englisch:** *Wahlberg's epauletted fruit-bat*
Französisch: *Épomophore de Wahlberg*

Kennzeichen Acht Flughundarten kommen in der Region vor; 4 davon sind Epaulettenflughunde, nur 2 sind häufig. Wahlberg- und Peters-E. haben fuchsartige Köpfe und weiße Haarbüschel an den Ohren. Männchen hat auch weißbehaarte Drüsentasche auf der Schulter, die „Epauletten". Weiß besonders gut sichtbar, wenn Tasche aufgespreizt wird. Körperfarbe hell- oder dunkelbraun.
Ähnlich Die beiden anderen Epauletten-Flughunde sind sehr selten, und kommen nicht im gleichen Verbreitungsgebiet vor. Ägyptischer Flughund: einfarbig, Schlafplatz in Höhlen und nicht in Bäumen.
Lebensraum Wälder und Galeriewälder, auch in trockeneren Baumsavannen.
Verhalten Nachtaktiv; verlässt Schlafplatz nach Sonnenuntergang, kann etliche Kilometer zur Futterstelle fliegen. Hängt tagsüber in Gruppen von mehreren hundert Tieren in Bäumen und Büschen, auch unter Dächern von offenen Gebäuden.
Nahrung Weiche wilde und angebaute Früchte; Baumblütennektar.
Fortpflanzung 1 (sehr selten 2) Junge, Geburtsgewicht ca. 20 g, Tragezeit etwa 105 Tage. Geburten vor allem in der Sommerregenzeit (November-Januar). Weibchen hat 1 thorakales Zitzenpaar.
Lebensdauer Nicht bekannt.
Laute Quietscht, kichert; Männchen produziert wiederholten, scharfen, metallischen Ruf (Miniaturhammer auf Metalldose).
Vorkommen Wahlberg- und Peters-E. kommen am Küstenstreifen im Süden und Osten vor; Wahlberg-E. auch im Landesinneren, nur an Flussläufen; Gambia-E. im Inland weiter verbreitet. Garden Route, Greater Addo, iSimangaliso, Krüger (Südafrika). Gambian: Krüger (Südafrika); Gonarezhou, Mana Pools (Simbabwe); Chobe, Moremi, Okavango (Botsuana).

Maße
Gewicht: 70–160 g
Flügelspannweite: 50 cm
Unterarm: 8.4 cm
Gesamtlänge: 14 cm

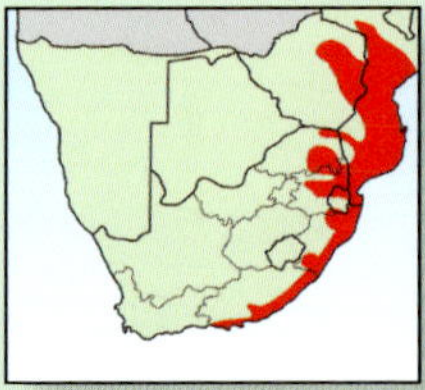

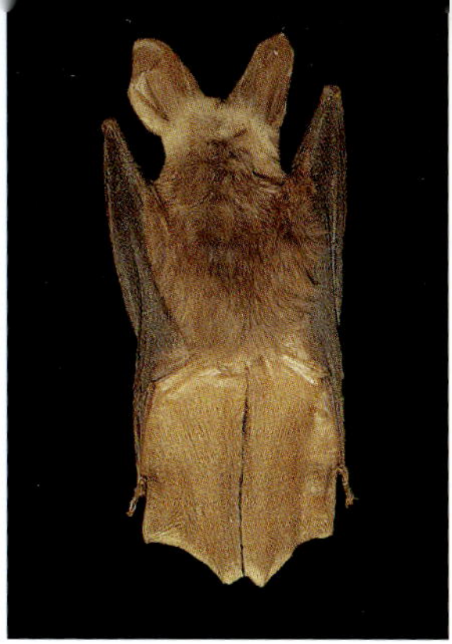

SCHLITZNASEN

Nycteris spp.

Afrikaans: *Spleetneusvlermuise* **Englisch:** *Slit-faced bats* **Französisch:** *Nyctères*

Kennzeichen Nur eine der 5 Arten in der Region (die Ägyptische Schlitznase *N. thebaica*) ist häufig und weit verbreitet. Sehr lange, abgerundete Ohren; vertikaler Schlitz in der Gesichtsmitte. Schwanz lang, an der Spitze gegabelt; Flügel abgerundet. Fell oben hell- oder dunkelbraun, manchmal auch rötlichorange, unten hellbraun oder fast weiß.
Ähnlich Langohr-Fledermäuse (Gattung *Laephotis*): 3 Arten in der Region, viel kleiner, Ohren stehen im Winkel vom Kopf ab (bei den Schlitznasen Ohren vertikal und parallel), selten und beschränkte Verbreitung.
Lebensraum Ägyptische Schlitznase in fast allen Habitaten weit verbreitet; 2 Arten kommen in Galeriewäldern vor; die anderen 3 Arten sind im südlichen Afrika sehr beschränkt.
Verhalten Meist einzeln oder in Paaren. Fast alle Arten hängen in kleinen Gruppen in Höhlen, Gebäuden, Bäumen oder Büschen. Ägyptische Schlitznase kann sich auch zu Hunderten zusammenfinden. Alle fliegen langsam, aber geschickt, jagen im Flug, Wirbellose sogar vom Boden. Größere Beute wird zu festen Futterplätzen gebracht, die am Abfall nicht essbarer Teile (Mottenflügel etc.) zu erkennen sind.
Nahrung Insekten und andere Wirbellose. Die Große Schlitznase (*N. grandi,* nur in Ostsimbabwe) frisst auch kleine Fische und Frösche.
Fortpflanzung Ein Junges, Geburtsgewicht ca. 6 g, Tragezeit etwa 150 Tage (Ägyptische S., vermutlich gleich für andere Arten). Weibchen trägt Junges am Anfang auf Nahrungssuche mit. Geburten meist in der Sommerregenzeit. Weibchen hat 1 thorakales Zitzenpaar.
Lebensdauer Unbekannt.
Laute Sehr hoch, können selten von Menschen gehört werden.
Vorkommen Nur die Ägyptische Schlitznase ist häufig und weit verbreitet, kommt auch in vielen Schutzgebieten vor; andere Arten örtlich sehr begrenzt.

Maße
Gewicht: 11–40 g
Flügelspannweite: 24–35 cm
Unterarm: 3.8–6.5 cm
Gesamtlänge: 9–16 cm

kleinste

größte

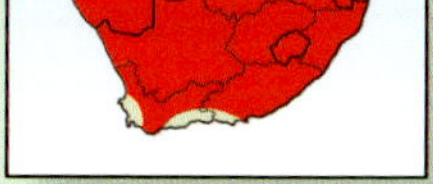

HUFEISENNASEN

Rhinolophus spp.

Afrikaans: *Saalneusvlermuise* **Englisch:** *Horseshoe bats* **Französisch:** *Rhinolophes*

Kennzeichen In der Region kommen 11 Arten Hufeisennasen vor, alle sind leicht als solche zu erkennen, aber schwierig zu unterscheiden. Alle haben typische, komplexe Nasenaufsätze im Gesicht zwischen Mund und Stirn. Rechteckige Schwanzflughaut, Ohren haben keinen Tragus. Farbe variiert zwischen den Arten und manchmal auch innerhalb einer Art, aber meist braun oder graubraun mit hellerer Unterseite.
Ähnlich Rundblattnasen (Genus *Hipposideros*): unterschiedliche und einfachere Nasenaufsätze.
Lebensraum Baumsavannen; aber in fast allen Habitaten von Wüsten bis zu niederschlagsreichen Berggebieten.
Verhalten Einige Arten an Schlafplätzen nur in kleinen Gruppen; andere, wie Geoffroy-H. können sich zu Tausenden ansammeln. Schlafplätze in Höhlen, aber auch in Minenschächten und unbewohnten Gebäuden. Hängen einzeln oder in Gruppen an den Füßen, die Flügel umhüllen den Körper. Fast alle anderen insektenfressenden Fledermäuse hängen mit den Flügeln an der Seite gefaltet. Schmetterlingsartiger Flug, fast alle haben ein Jagdrevier.
Nahrung Fliegen niedrig; jagen verschiedenste fliegende Insekten, wie Motten und Käfer, manche Arten nehmen auch Wirbellose vom Boden auf.
Fortpflanzung Ein Junges (sehr selten zwei), Geburtsgewicht ca. 25% des Gewichts der Erwachsenen, Tragezeit 90–120 Tage (wie bei den meisten Fledermäusen spielen verzögerte Implantation und Entwicklung mit). Geburten meist in den Sommermonaten. Bei einigen Arten werden die Jungen in der Nacht am Schlafplatz zurückgelassen. Weibchen hat 1 thorakales Zitzenpaar.
Lebensdauer Unbekannt.
Laute In vom Menschen kaum hörbaren Frequenzen.
Vorkommen Nur in der Kalahari in Botsuana nicht präsent.

Maße
Gewicht: 4–27 g
Flügelspannweite: 20–40 cm
Unterarm: 4.2–6.5 cm
Gesamtlänge: 7–11 cm

kleinste

größte

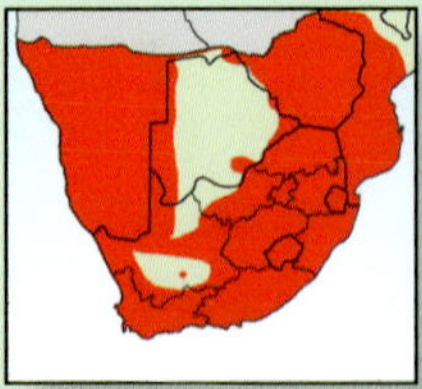

ÄGYPTISCHE BULLDOGGFLEDERMAUS *Tadarida aegyptiaca*

Afrikaans: *Egiptiese losstertvlermuis* **Englisch:** *Egyptian free-tailed bat* **Französisch:** *Tadaride d'Égypt*

Kennzeichen Von den 14 Bulldoggfledermaus-Arten in der Region ist nur die Ägyptische B. häufig und weit verbreitet. Unterscheidung der einzelnen Arten ist sehr schwierig, aber alle haben den typischen Schwanz, der gar nicht oder nur zur Hälfte in die Schwanzflughaut integriert ist. Der Name der Gruppe kommt von ihren hundeähnlichen Gesichtern mit faltiger Oberlippe. Fell ist kurz und samtig in verschiedenen Brauntönen oder schwarz. Flügel schmal und lang.
Ähnlich Aufgrund der typischen faltigen Lippen und dem frei stehenden Schwanzende kaum zu verwechseln.
Lebensraum In fast allen Habitaten kommt zumindest eine Art vor. Bevorzugt offene Baumsavannen und Flussläufe, auch in niederschlagreichen Gebieten. Ägyptische B. in trockeneren Gebieten.
Verhalten Zu Hunderten an Schlafplätzen in Höhlen, Felsspalten, hohlen Bäumen und hinter lockerer Rinde toter Bäume; große Kolonien in Gebäuden. Kann flink am Boden dahinkrabbeln. Auf der Jagd fliegt sie hoch und schnell.
Nahrung Verschiedenste Insekten, einschließlich Motten und Käfern. Die Autoren beobachteten diese B. am Boden, wie sie geflügelte Termiten fraß.
Fortpflanzung Wenig erforscht. Ein Junges, Geburtsgewicht ca. 25% des Erwachsenengewichts, Tragezeit etwa 120 Tage, Geburten in den Sommermonaten. Junge werden nicht von der Mutter auf Nahrungssuche mitgetragen. Weibchen hat 1 thorakales Zitzenpaar.
Lebensdauer Keine Aufzeichnungen für Afrika. Eine südamerikanische Art lebt bis zu 8 Jahre.
Laute Hohes Zwitschern, vom menschlichen Ohr leichter zu hören als viele andere insektenfressende Fledermäuse.
Vorkommen Diese Art ist häufig und in der Region weit verbreitet, auch in vielen Schutzgebieten präsent; die anderen Arten sind selten, oder örtlich begrenzt.

Maße
Gewicht: 15 g
Flügelspannweite: 30 cm
Unterarm: 4.8 cm
Gesamtlänge: 11 cm
Schwanzlänge: 3.8 cm

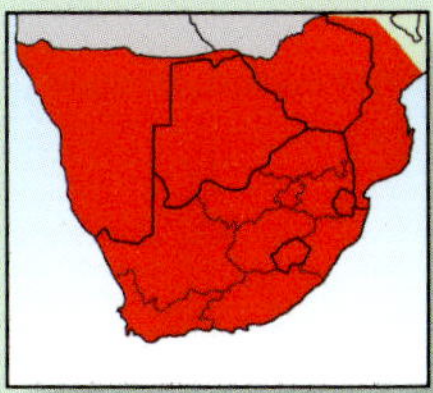

SÜDAFRIKANISCHER SPRINGHASE *Pedetes capensis*

Afrikaans: *Springhaas* **Englisch:** *Southern African springhare* **Französisch:** *Lièvre sauteur*

Kennzeichen Ein Nagetier, kein Hase. Einem kleinen Känguru ähnlich, mit langen, gut entwickelten Hinterbeinen und hüpfendem Gang. Vorderbeine sehr kurz, nur zum Graben verwendet. Schwanz lang, buschig, am Ende schwarz. Ohren lang, Augen groß. Oben gelblich- oder rötlichbraun, unten heller oder fast weiß.

Ähnlich Echte Hasen: Ohren viel länger, kurzer schwarz-weißer Schwanz, bewegen sich auf allen Vieren vorwärts.

Lebensraum Harte, sandige Böden mit niedrigem Bewuchs, vor allem in Halbwüsten.

Verhalten Nachtaktiv, lebt auf dem Boden und nicht reviertreu. Bau wird von einem Tier oder einem Weibchen mit Jungen bewohnt, etliche Baue können nahe aneinander liegen. Gräbt 2 Arten von Röhren: schräge mit viel lockerem Sand am Eingang und senkrechte Fluchtröhren. Verschließt oft die Öffnungen von innen mit Sand. Unter guten Bedingungen sehr zahlreich.

Nahrung Gras, Graswurzeln, andere Pflanzen, auch angepflanzte Feldfrüchte.

Fortpflanzung Ein gut entwickeltes Junge s(selten 2), Geburtsgewicht ca. 300 g, Tragezeit 72–82 Tage. Das Junge bleibt 6–7 Wochen im Bau. Geburten in manchen Gebieten saisonal, in anderen ganzjährig. Weibchen hat 1 thorakales Zitzenpaar.

Lebensdauer In Gefangenschaft 8 Jahre.

Laute Meist still, beim Fressen sanftes Grunzen; schriller, lauter Schrei wenn gefangen.

Vorkommen In manchen Gebieten oft von Menschen gejagt, trotzdem häufig und weit verbreitet. Etosha, Namib-Naukluft, Khaudom (Namibia); Chobe, Okavango, Central Kalahari, Nxai Pan, Makgadikgadi (Botsuana); Hwange, Gonarezhou (Simbabwe); Mapungubwe, Krüger, Marakele, Madikwe, Pilanesberg, Mokala, Kgalagadi, Augrabies, Willem Pretorius, Mountain Zebra, Camdeboo, Greater Addo (Südafrika).

Maße
Gewicht: 2.5–3.8 kg
Gesamtlänge: 75–85 cm
Schwanzlänge: 35–45 cm

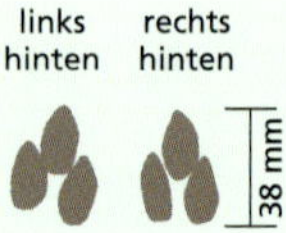

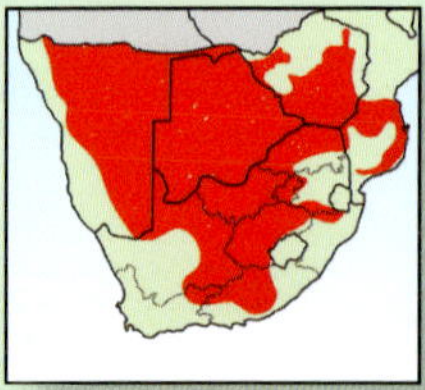

SÜDAFRIKANISCHES STACHELSCHWEIN *Hystrix africaeaustralis*

Afrikaans: *Ystervark* **Englisch:** *Cape (southern) porcupine* **Französisch:** *Porc-épic du Cap*

Kennzeichen Groß; lange, schwarzweiß gestreifte Stacheln. Flanken, Hals, Kopf und Unterseite mit dunklen groben Haaren bedeckt. Lange, grobe, aufstellbare Haare bilden Kamm vom Scheitel bis zu den Schultern. Bei Gefahr stellt das Tier Kamm und Stacheln auf. Ohren klein und rund, Augen klein.
Ähnlich Südafrikanischer Igel: viel kleiner, kürzere Stacheln, rollt sich zusammen.
Lebensraum Bevorzugt felsige, zerklüftete Gebiete, kommt aber in fast allen Habitaten vor.
Verhalten Ausschließlich nachtaktiv, verbringt Tag in Erdlöchern (selbst gegraben oder von anderen Tieren übernommen), Felsspalten, Höhlen und sogar in dichter Vegetation. Vor regelmäßig verwendeten Bauen findet man alte Knochen, die gekaut werden, um Schneidezähne abzuschleifen und Kalzium aufzunehmen. Auch Pfade werden regelmäßig benützt, man findet Grabspuren, abgefallene Stacheln und zigarrenförmigen Kot. Etliche Stachelschweine können einen Bau teilen, gehen aber einzeln auf Nahrungssuche. Sie sind monogam.
Nahrung Wurzeln, Zwiebeln, Knollen und Baumrinde; frisst auch wilde Früchte und angepflanzte Feldfrüchte.
Fortpflanzung 1–4 (meist 1–2) gut entwickelte Junge, Geburtsgewicht 100–300 g (selten bis zu 450 g), Tragezeit etwa 94 Tage. Stacheln werden in zweiter Lebenswoche hart. In manchen Gebieten Geburten ganzjährig, in anderen saisonal. Weibchen hat 2 zur Seite stehende, thorakale Zitzenpaare.
Lebensdauer In Gefangenschaft mindestens 20 Jahre; wildlebend 12–15 Jahre.
Laute Bei Gefahr rasselt es mit hohlen Schwanzstacheln und stampft mit Hinterbeinen auf; sanftes Grunzen und Schnauben beim Treffen mit anderen.
Vorkommen Kommt nur in der Namibwüste nicht vor, in fast allen Schutzgebieten der Region präsent.

Maße
Gewicht: 10–24 kg
Schulterhöhe: 25 cm
(> 45 cm mit aufgerichteten Stacheln)
Gesamtlänge: 75 cm–1 m
Schwanzlänge: 10–15 cm
(ohne Stacheln)

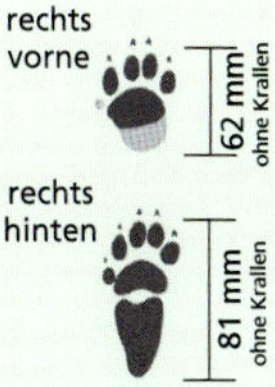

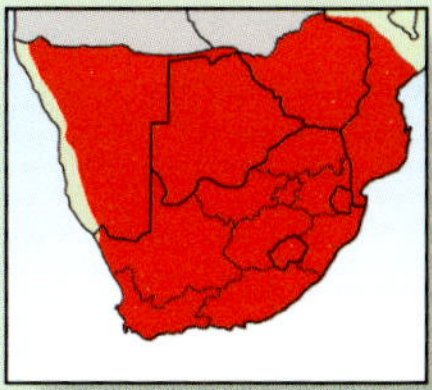

GROSSE ROHRRATTE *Thryonomys swinderianus*

Afrikaans: *Grootrietrot* **Englisch:** *Greater cane-rat* **Französisch:** *Grand aulacode*

Kennzeichen Großes, stämmiges, rauhaariges Nagetier mit kurzem Schwanz. Oben und an den Seiten dunkelbraun gesprenkelt, unten graubraun oder fast weiß. Körperhaar fällt leicht aus, wenn das Tier berührt wird.
Ähnlich Kleine Rohrratte: kleiner, in trockenerem Habitat, begrenzte Verbreitung in Simbabwe.
Lebensraum Schilfbestände und dichte Vegetation am Wasser.
Verhalten In Dämmerung und Nacht aktiv. Versteckt sich in dichter Vegetation oder in Erdlöchern im Schilf. Geht allein auf Nahrungssuche, lebt aber in lockeren Gruppen von 8 bis 10 Tieren. Pfade innerhalb ihrer Futtergebiete sind durch kleine Haufen aus geschnittenem Gras oder Schilf gekennzeichnet. Ausgezeichnete Schwimmer. Entfernt sich selten mehr als 50 m vom gewohnten Lebensraum.
Nahrung Wurzeln, Blätter, Grashalme, auch Gras- und Schilfkeimlinge. In Zuckerrohrplantagen unbeliebt.
Fortpflanzung 4 (bis 8) gut entwickelte Junge, Geburtsgewicht 80–190 g (Mittelwert 117 g), Tragezeit 137–172 Tage (Mittelwert 154 Tage). Geburten meist in der Sommerregenzeit. Junge werden in einer mit Gras und Blättern ausgelegten Mulde geboren. Weibchen hat 3 thorakoabdominale Zitzenpaare, welche seitlich vorstehen.
Lebensdauer Aufzeichnung nur von einem Tier in Gefangenschaft: 4 Jahre 4 Monate.
Laute Schnaubt und schnüffelt auf Nahrungssuche; bei Gefahr stampft es mit den Hinterbeinen auf, pfeift scharf und grunzt.
Vorkommen Wird viel gejagt, trotzdem noch ziemlich häufig. Okavango, Moremi, Chobe (Botsuana); Mana Pools, Gonarezhou (Simbabwe); Gorongoza (Mosambik); Mapungubwe, Marakele, Krüger, iSimangaliso, Ndumo, , uMkhuze, Hluhluwe-Imfolozi, Oribi Gorge, Great Fish (Südafrika).

<u>**Maße**</u>
Gewicht: 3–5 kg
(♂ im Durchschnitt 20–25% schwerer als ♀)
Gesamtlänge: 65–80 cm
Schwanzlänge: 15–20 cm

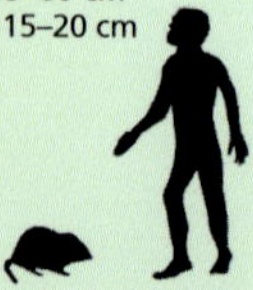

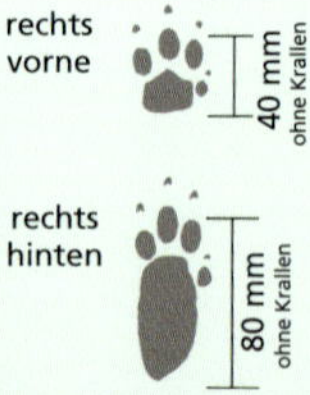

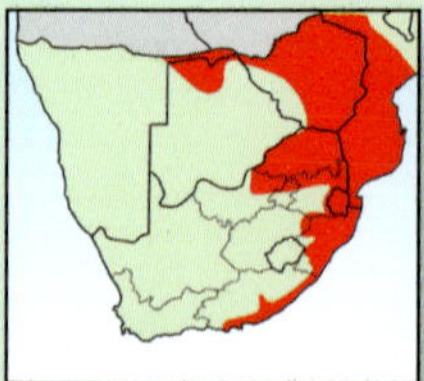

SANDGRÄBER

Familie Bathyergidae

Afrikaans: *Tandmolle* **Englisch:** *Rodent moles, mole-rats* **Französisch:** *Rats-taupes*

Kennzeichen In der Region kommen 6 Arten vor, alle ziemlich ähnlich: dick, weiches Fell; 2 Paar sehr große Schneidezähne; kurzer flacher Schwanz; winzige Augen und Ohren; Schnauze schweinsähnlich; lange, starke Krallen an den Vorderbeinen, kurze Beine.
Ähnlich Goldmulle: keine sichtbaren Augen und Ohren, nur 2 Krallen an den Vorderbeinen, kein Schwanz; fast alle werfen oberflächliche Tunnel auf, die zwei größten Arten auch Erdhügel.
Lebensraum Sandböden, aber Afrikanischer Graumull (*Cryptomys hottentotus*) auch auf anderen, sogar an zerklüfteten Berghängen. Alle vermeiden schwere Lehmböden. Manche leben in Wüsten oder Halbwüsten in Namibia, Botsuana und Nordost-Südafrika.
Verhalten Tag- und nachtaktiv. Sie leben meist unterirdisch, graben ausgedehnte Gangsysteme, die an der Oberfläche durch Erdhaufen markiert sind. Regen löst Grabaktivitäten aus; sie graben mit Schnauze, Zähnen und Vorderbeinen. Innerhalb der Bausysteme gibt es Vorrats- und Geburtskammern. Alle Arten haben ein ausgeprägtes Sozialsystem, besonders ausgebildet beim Damara-Graumull (*Cryptomys damarensis*), ein dominantes Paar beherrscht die Kolonie.
Nahrung Wurzeln, Zwiebeln und Knollen.
Fortpflanzung Wurfgröße unterschiedlich: Damara-Graumull 2–3 Junge, Kapblessmull 4–10. Tragezeit der größten Art (Kap-Strandgräber) 60–75 Tage, Geburtsgewicht etwa 34 g; Namaqua-Strandgräber > 52 Tage. Kleinere *Cryptomus* Arten: Geburtsgewicht < 10 g. Vermutlich saisonale Fortpflanzung.
Lebensdauer Kapblessmull bis zu 3 Jahre; 1 Afrikanischer Graumull in Gefangenschaft 9 Jahre 7 Monate.
Laute Trommelt im Tunnel mit den Füßen; Quietschen, Grunzen, Knurren.
Vorkommen 3 Arten kommen nur in Südafrika vor; alle häufig. In vielen Schutzgebieten.

Maße
Gewicht: 100–890 g
Gesamtlänge: 15–32 cm
Schwanzlänge: 2–5 cm

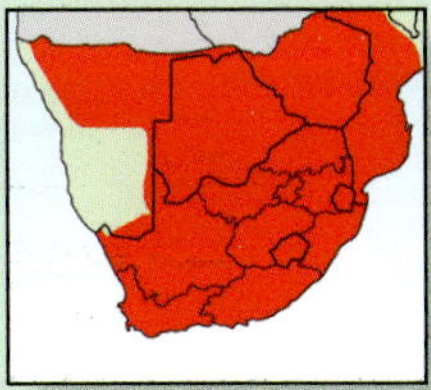

FELSENRATTE

Petromus typicus

Afrikaans: *Dassierot* **Englisch:** *Dassie rat, Noki* **Französisch:** *Rat des rochers africain, Noki*

Kennzeichen Hörnchenähnlich, aber Schwanz haarig, nicht buschig. Graubraun meliert oder braun, Hinterteil einheitlig braun. Unten schmutzigweiß oder gelblichbraun. Kopf etwas abgeflacht, Ohren klein, rund und dunkel.
Ähnlich Afrikanischer Felsenbilch (*Graphiurus platyops*): viel kleiner, buschiger Schwanz, einförmig grau, im Westen ähnliches Verbreitungsgebiet. Klippschliefer: größer, kein Schwanz.
Lebensraum Felsige Gebiete in trockenen Landstrichen mit unter 300 mm Niederschlag im Jahr.
Verhalten Monogame Paare oder Familiengruppen bewohnen Felsspalten und verteidigen ein Wohngebiet. Tagaktiv, aber meist frühmorgens oder spätnachmittags, vor allem im Sommer. In den heißesten Stunden nur im Schatten. Kann oft in der Frühe beim Sonnenbaden beobachtet werden. Rupft Blätter oder Zweige ab und frisst sie im Schatten. Verwendet zum Urinieren und Koten Latrinen, diese werden allmählich gelblichweiß. Dichte: bis zu 15 Tiere auf 6 ha.
Nahrung Bevorzugt Blätter und Blüten; Körner und Früchte weniger. Klettert zum Fressen oft in niedrige Büsche und Bäume.
Fortpflanzung 1–3 vollständig behaarte Junge, Geburtsgewicht 14.7 g im Durchschnitt, Tragezeit etwa 90 Tage. Junge werden in Felsspalten geboren, die mit trockenem Pflanzenmaterial ausgelegt sind. Geburten meist in Sommerregenzeit. Weibchen hat hinter den Schulterblättern 2 thorakale Zitzenpaare, die zur Seite hervorstehen, ein drittes abdominales Zitzenpaar liegt auch seitlich.
Lebensdauer Ein Tier (deutlich markiert) lebte mindestens 3 Jahre wild in der Namib. Nichts weiter bekannt.
Laute Warnquietschen.
Vorkommen Auf die westliche Randstufe und angrenzende Gebiete beschränkt. Etosha, Namib-Naukluft, Fish River (Namibia); Richtersveld, Goegap, Namaqua, Augrabies (Südafrika).

Maße
Gewicht: 160–250 g
Gesamtlänge: 30 cm
Schwanzlänge: 14 cm

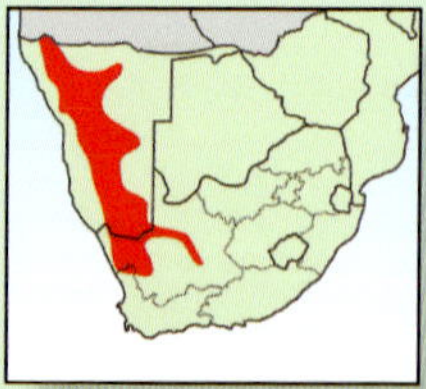

RIESENHAMSTERRATTE

Cricetomys gambianus

Afrikaans: *Reuserot* **Englisch:** *Giant rat* **Französisch:** *Rat de Gambie*

Kennzeichen Größtes, rattenähnliches Nagetier in der Region. Langer, peitschenartiger Schwanz, der fast zur Hälfte (zur Spitze hin) weiß ist. Körper oben grau oder graubraun, unten heller; Füße oben hellgrau oder weiß. Kurze, dunkle Haare um die Augen; Ohren groß, dünn und sehr beweglich.
Ähnlich Hausratte (*Rattus rattus*) und Wanderratte (*R. norvegicus*), beide eingebürgert: kleiner, kein Weiß am Schwanz, Ohren kleiner.
Lebensraum Wälder und Baumsavannen, vor allem in feuchten Gebieten im Osten.
Verhalten Meist nachtaktiv, aber auch tagsüber, wenn wenig gestört. Gräbt Baue selbst, verwendet aber auch Erdlöcher, ausgehöhlte Bäume und aufgehäuftes Pflanzenmaterial. Nahrung wird in den großen Backentaschen zum Bau gebracht und dort gelagert. Bau kann bis zu 3 Eingänge haben, die oft von innen verschlossen werden. Wohngebiet klein, 1–4 ha, selten bis zu 10 ha. Markiert das Wohngebiet. Lebt vor allem am Boden, kann aber gut klettern.
Nahrung Früchte, Körner, Zwiebeln, Knollen und Blätter; entzieht der Nahrung das notwendige Wasser, trinkt aber auch. Frisst manchmal Insekten, Schnecken und Krabben.
Fortpflanzung 2–4 (selten 1–5) Junge, Geburtsgewicht 20–30 g, Tragezeit 28–36 Tage. Geburten im Sommer. Junge bleiben bis mindestens 40 Tage nach der Geburt im Bau; verlassen das Nest erst nach 80 Tagen für immer. Weibchen hat 2 thorakale und 2 inguinale Zitzenpaare.
Lebensdauer Ein Tier lebte in Gefangenschaft 7 Jahre und 10 Monate; andere Aufzeichnungen erwähnen 4 Jahre.
Laute Vogelähnliches Zwitschern und Piepsen, bei Gefahr Zischen.
Vorkommen Isolierte Populationen im Soutpansberg und Blouberg in der Provinz Limpopo (Südafrika). Mana Pools (Simbabwe); Krüger, iSimangaliso, Ndumo (Südafrika).

Maße
Gewicht: 1–3 kg
Gesamtlänge: 80 cm
Schwanzlänge: 42 cm

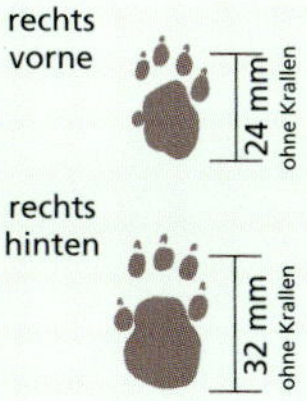

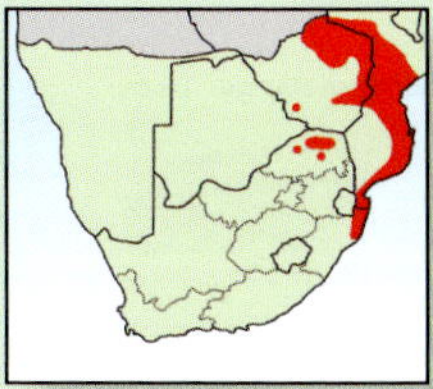

KURZSCHWANZ-HAMSTERRATTE *Saccostomus campestris*

Afrikaans: *Wangsakmuis* **Englisch:** *Pouched mouse* **Französisch:** *Souris à poche*

Kennzeichen Körper rund und dick, Fell weich, seidig, grau oder graubraun. Kinn und Unterseite weiß. Schwanz kürzer als Körper, hell oder weiß. Beine kurz, Ohren kurz und rund, Augen klein. Größe und Farbe unterschiedlich je nach Gebiet. Einem Goldhamster ähnlich.
Ähnlich Fettmaus: kleiner, Oberseite braun nicht grau.
Lebensraum Zieht weichen, sandigen Boden vor; in offenen und dichten Baumsavannen, auch in felsigen Gebieten.
Verhalten Nachtaktiv und lebt auf dem Boden. Einzeln, kann in lockeren Kolonien leben. Gräbt Bau selbst, verwendet aber auch Erdlöcher, die von anderen Arten gegraben wurden; versteckt sich auch in Termitenhügeln, unter Baumstämmen und Steinhaufen. Transportiert erstaunliche Mengen Nahrung in den Backentaschen zum Bau, um in Sicherheit fressen zu können und Vorräte anzulegen. Bewegt sich langsam, kann ziemlich leicht mit der Hand gefangen werden.
Nahrung Körner, kleine wilde Früchte und gelegentlich Insekten, vor allem Termiten.
Fortpflanzung 2–10 vollständig behaarte Junge, Geburtsgewicht < 3 g, Tragezeit etwa 20 Tage. Geburten meist in den feuchten Sommermonaten; Weibchen kann mehrere Würfe im Jahr haben; hat 3 thorakale und 2 inguinale Zitzenpaare.
Lebensdauer Ein Tier in Gefangenschaft nicht ganz 4 Jahre; wildlebend < 3 Jahre.
Laute Typisches mausartiges Zwitschern, quietscht bei Berührung.
Vorkommen In der Region weit verbreitet, aber nicht im trockenen Westen und im Südosten. In vielen Schutzgebieten ziemlich häufig.
Etosha, Khaudom, Waterberg, Caprivi (Namibia); Okavango, Chobe, Central Kalahari, Nxai Pan (Botsuana); Hwange, Mana Pools, Gonarezhou (Simbabwe); Mapungubwe, Krüger, Marakele, Pilanesberg, Kgalagadi, Augrabies, Mokala, iSimangaliso, Greater Addo (Südafrika).

<u>Maße</u>
Gewicht: 45–85g
Gesamtlänge: 15–26 cm
Schwanzlänge: 5 cm

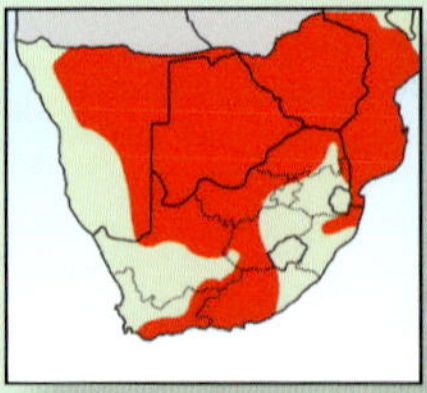

FETTMAUS

Steatomys pratensis

Afrikaans: *Vetmuis* **Englisch:** *Fat mouse* **Französisch:** *Rat adipeux*

Kennzeichen Klein, dick; Schwanzlänge etwa ein Drittel der Gesamtlänge. Oben rostbraun oder hellbraun, Unterseite und Fußoberseite weiß. Schwanz oben dunkler als unten. Im Winter legt sie eine dicke Fettschicht unter der Haut und um die inneren Organe an.

Ähnlich Kleine Fettmaus (*S. parvus*) und Krebs-Fettmaus (*S. krebsii*): sehr ähnlich, unterschiedlich in Größe und Färbung. Krebs-F. ist im Südwesten der Region die einzige der drei. Zwergmaus: kleiner, zarter.

Lebensraum Bevorzugt sandige Böden; auch auf Kulturflächen.

Verhalten Nachtaktiv, lebt am Boden. Lebt allein oder in Paaren. Gräbt Bau selbst, bildet keine Kolonien. Gut an Dürreperioden angepasst, kann sie Fettreserven aufbauen, dann reduziert sie die Körpertemperatur und lebt von den Fettreserven. Hat keine Backentaschen, trägt aber Vorräte zum Bau.

Nahrung Vor allem Körner, aber auch kleine Zwiebeln und Wurzeln werden ausgegraben; auch grüne Pflanzen und Insekten.

Fortpflanzung 1–9 (gewöhnlich 3–4) Junge, Geburtsgewicht 1.5 g im Durchschnitt. Tragezeit nicht bekannt. Geburten wahrscheinlich in der Regenzeit. Weibchen hat 6–8 Zitzenpaare, von Brust zur Leiste.

Lebensdauer Ein Tier lebte in Gefangenschaft 3 Jahre.

Laute Typische Mauslaute, selten von Menschen gehört.

Vorkommen Weit verbreitet, häufig, bei guten Bedingungen tritt eine Bevölkerungsexplosion auf. Hier nicht - wie in anderen Gebieten Afrikas - vom Menschen als Nahrung gejagt. Etosha, Khaudom, Waterberg, Caprivi (Namibia); Okavango, Moremi, Chobe (Botsuana); Hwange, Mana Pools, Gonarezhou (Simbabwe); Mapungubwe, Marakele, Krüger, Ndumo, iSimangaliso, Ithala (Südafrika).

Maße
Gewicht: 26 g
Gesamtlänge: 8–15 cm
Schwanzlänge: 5 cm

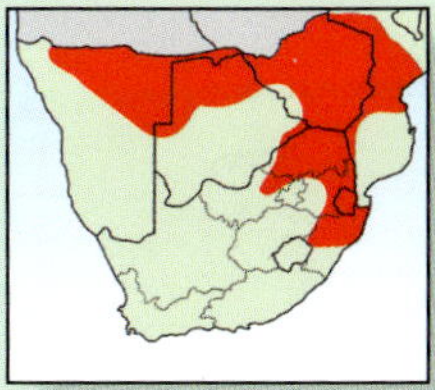

GROSSOHRMAUS

Malacothrix typica

Afrikaans: *Bakoormuis* **Englisch:** *Gerbil mouse, large-eared mouse* **Französisch:** *Souris à grandes oreilles*

Kennzeichen Klein, aber leicht zu erkennen am kurzen Schwanz, den großen, runden Ohren und der Zeichnung am Rücken. Farbe hellrotbraun oder graubraun und alle Schattierungen dazwischen, unterschiedlich stark mit dunkleren Haaren durchsetzt. Fell weich und seidig. Dunkler Fleck hinter jedem Ohr und über jeder Hüfte, dunkler Streifen von Schultern zum Steiß. Unterseite grauweiß oder weiß.

Ähnlich Keine andere Art in der Region hat proportional so große Ohren oder eine so deutliche schwarze Zeichnung am Rücken.

Lebensraum Auf harten Böden; Bodendeckung im Norden kurzes Gras im Süden niedrige Karoo Büsche. Lebt in Gebieten mit 150–500 mm Niederschlag.

Verhalten Nachtaktiv, bodenständig und meist einzeln. Gräbt tiefe Erdlöcher, hält Eingänge sauber; in manchen Gebieten Bauröhren fast senkrecht in anderen schräger. Im Gegensatz zu vielen Nagetieren leicht mit der Hand zu fangen, wenn sie von einer Lampe geblendet wird, beißt selten. Legt anscheinend auf Nahrungssuche in einer Nacht erstaunlich weite Strecken (4 km) zurück.

Nahrung Grüne Pflanzen, auch Körner; bis zu 10% der Nahrung können Insekten sein, hauptsächlich Termiten.

Fortpflanzung 2–8 (im Mittel 4) Junge, Geburtsgewicht ca. 1 g, Tragezeit 23–27 Tage. Geburten meist im Sommer (August - März). Weibchen hat 4 Zitzenpaare, von Brust zur Leiste.

Lebensdauer Annähernd 2.5 Jahre in Gefangenschaft.

Laute In Stresssituationen: „dsiss-dsiss" Surrlaut; auch sanftes Quietschen.

Vorkommen Im Westen und Zentrum der Region weit verbreitet. Etosha, Fish River (Namibia); Richtersveld, Augrabies, Kgalagadi, Namaqua, West Coast, Karoo, Willem Pretorius (Südafrika).

Maße
Gewicht: 15–20 g
Gesamtlänge: 11 cm
Schwanzlänge: 3.5 cm

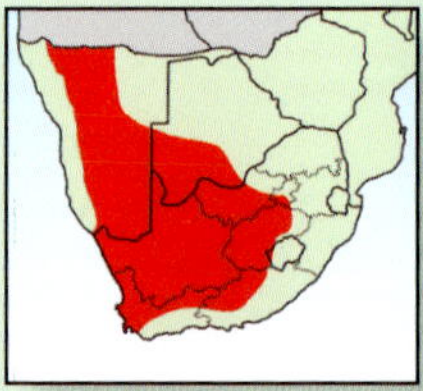

KURZSCHWANZ-RENNMAUS *Desmodillus auricularis*

Afrikaans: *Kaapse kortstertspringmuis* **Englisch:** *Cape short-tailed gerbil* **Französisch:** *Gerbille à queue courte du Cap*

Kennzeichen Dick; einzige Rennmaus der Region, deren Schwanz kürzer ist als der Körper. Ohren schmal und abgerundet, weißer Fleck an Ohrbasis, Unterseite rein weiß. Farbe der Körperoberseite kann innerhalb der Region und innerhalb jeder Population variieren; hellbraun, zimtbraun, graubraun oder hellgraubraun am häufigsten, aber auch jede Schattierung dazwischen ist möglich.
Ähnlich Fünf andere Rennmausarten im selben Verbreitungsgebiet: bei allen ist Schwanz gleich lang oder länger als der Körper.
Lebensraum Zieht harte Böden vor, mit etwas Gras oder niedrigem Gestrüpp. In der Namibwüste auf Geröllebenen, oft mit sehr wenig Pflanzenwuchs. Kommt kaum in Gebieten mit > 500 mm Niederschlag vor.
Verhalten Nachtaktiv und lebt am Boden. Gräbt eigene Erdlöcher, 2 verschiedene Typen: ein geneigtes mit Erdhaufen am Eingang und ein fast senkrechtes ohne Erde am Eingang, letzteres wahrscheinlich von unten gegraben. In manchen Gebieten kann sie gesellig sein, in anderen wird Bau von einem Tier allein bewohnt. Konflikte sind bekannt, sowohl zwischen, als auch innerhalb der Geschlechter.
Nahrung Körner, hauptsächlich von Gräsern, auch grünes Pflanzenmaterial. In manchen Gebieten frisst sie auch ziemlich viele Insekten, vor allem Termiten. Bringt auch manchmal Futter zum Bau.
Fortpflanzung 1–7 (durchschnittlich 3) Junge, Geburtsgewicht ca. 3.6 g, Tragezeit etwa 21 Tage. Geburten ganzjährig. Weibchen hat 2 thorakale und 2 inguinale Zitzenpaare.
Lebensdauer Bis zu 3 Jahre.
Laute Leise Triller.
Vorkommen Sehr häufig. Etosha, Skeleton Coast, Namib-Naukluft, Fish River (Namibia); Nxai Pan, Makgadikgadi, Central Kalahari (Botsuana); Richtersveld, Namaqua, West Coast, Augrabies, Kgalagadi, Pilanesberg, Madikwe, Willem Pretorius, Mokala, Karoo (Südafrika).

Maße
Gewicht: 39–70 g (50 g)
Gesamtlänge: 20 cm
Schwanzlänge: 9 cm

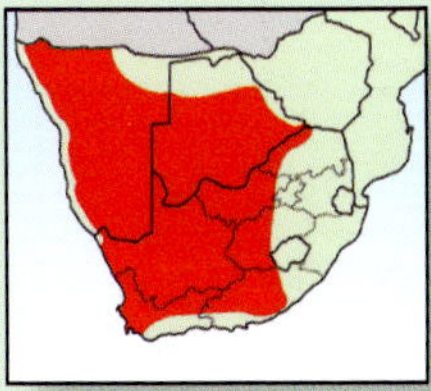

ZWERGRENNMAUS

Gerbillurus paeba

Afrikaans: *Haarpootspringmuis* **Englisch:** *Hairy-footed gerbil* **Französisch:** *Gerbille à pieds velus*

Kennzeichen Eine von vier Zwergrennmausarten in der Region, am weitesten verbreitet und am häufigsten. Klein, Schwanz länger als Körper. Oben hellrotbraun, oder rotgrau, mit dunklen Haaren durchsetzt (wie „ gestrichelt"). Schwanz wie Körperoberseite gefärbt. Unterseite, Kinn und Beine innen rein weiß. Fußsohlen an den Hinterbeinen sind behaart.

Ähnlich Pinselschwanz-Zwergrennmaus: Schwanz endet in einer Quaste, nur beschränkt in Südnamibia und angrenzenden Teilen des Nordkap. Dünen- und Setzer-Zwergrennmaus: nur beschränkt in der Namibwüste.

Lebensraum Wüsten und Halbwüsten, auch in Mosambik und an Südafrikas Südküste, wo sie Dünen bewohnt.

Verhalten Nachtaktiv und einzeln. Gräbt in der Namibwüste einen einfachen Bau, mit nur einem Eingang und Tunnel. In anderen Gebieten sind Baue komplizierter, Eingänge oft unter einem Busch versteckt. In sehr lockerem Sandboden gräbt sie dort, wo eine Antilope uriniert hat, dies gibt eine festere Basis. Größe des Wohngebiets variiert, meist < 4 ha, kann 1–8 ha sein.

Nahrung Allesfresser: kleine Wirbellose, Körner, Pflanzenmaterial.

Fortpflanzung 2–5 (durchschnittlich 3–4) Junge, Tragezeit ca. 21 Tage, Geburten ganzjährig, in einigen Gebieten sind sie zu Beginn der Regenfälle gehäuft. Weibchen hat 1 oder 2 Paar thorakale und 2 Paar inguinale Zitzen.

Lebensdauer In Gefangenschaft > 2 Jahre.

Laute Bei Berührung mausähnliches Quietschen; produziert etliche Ultraschallklänge, auch Klicken.

Vorkommen Skeleton Coast, Etosha, Namib-Naukluft, Fish River, Waterberg, Khaudom (Namibia); Central Kalahari, Nxai Pan, Makgadikgadi (Botsuana); Kgalagadi, Mapungubwe, Augrabies, Namaqua, Richtersveld, Agulhas, West Coast, Tankwa, Karoo, Camdeboo, Mountain Zebra, Greater Addo (Südafrika).

Maße
Gewicht: 25 g
Gesamtlänge: 20 cm
Schwanzlänge: 11 cm

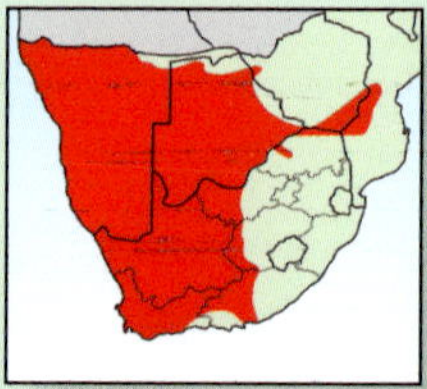

WEISSBAUCH-NACKTSOHLENRENNMAUS *Tatera leocogaster*

Afrikaans: *Bosveldspringmuis* **Englisch:** *Bushveld gerbil* **Französisch:** *Gerbille d'Afrique du Sud*

Kennzeichen Typische große „mausähnliche" Rennmaus. Schwanz länger als Körper, mit deutlichem dunkleren Strich oben, Schwanzspitze nie weiß. Ohren lang, nicht so schmal wie bei den Zwergrennmäusen. Im Unterschied zu diesen auch keine behaarten Fußsohlen. Fell weich, oben rotbraun oder gelbbraun (im Westen am hellsten), unten weiß. Weißer Fleck über und leicht hinter den Augen.
Ähnlich Brants-Nacktsohlenrennmaus (*Tatera brantsii*): Farbe variiert stark, meist hellrotbraun oder beigerostbraun, unten weiß oder gelblichgrau; kein schwarzer Strich auf dem Schwanz, aber oft teilweise weiß. Zwergrennmaus: viel kleiner; schmale Ohren.
Lebensraum Gebiete mit Sandböden, von Halbwüsten bis zu Baumsavannen.
Verhalten Ausschließlich nachtaktiv, tagsüber im Schutz des selbst ausgegrabenen Baus. Lebt in lockeren Kolonien. Baueingang oft unter einem niedrigen Busch. Baue werden meist von einem Paar bewohnt, es wird vermutet, dass viele Baue innerhalb einer Kolonie miteinander verbunden sind.
Nahrung Allesfresser, gleichviel Pflanzenmaterial (vor allem Körner und Blätter) wie Insekten.
Fortpflanzung 2–9 (im Durchschnitt 5) Junge, Geburtsgewicht ca. 2.8 g, Tragezeit etwa 28 Tage. Geburten in manchen Gebieten ganzjährig, in anderen an Sommerregenzeit gebunden. Weibchen hat 2 thorakale und 2 inguinale Zitzenpaare.
Lebensdauer Eine asiatische Nacktsohlenrennmausart lebte in Gefangenschaft 7 Jahre.
Laute Ultraschalllaute: Pfeifen, Piepen, Triller; Manche kann man hören
Vorkommen Im Norden der Region in Savannen und Halbwüsten weit verbreitet, im Süden bis zum Freistaat in Südafrika. Sehr häufig, Populationen nehmen periodisch zu und wieder ab.

Maße
Gewicht: 32–114 g
(Durchschnitt: 70 g)
Gesamtlänge: 21–33 cm
(Durchschnitt: 28 cm)
Schwanzlänge: 12–17 cm
(Durchschnitt: 15 cm)

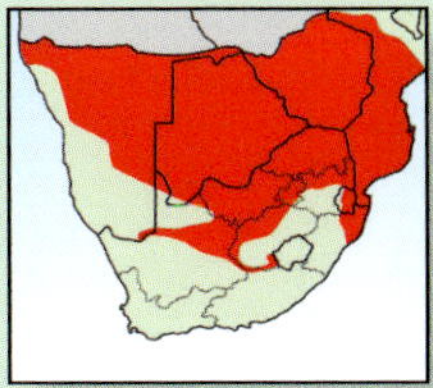

NAMAQUA-FELSENMAUS *Micaelamys namaquensis*

Afrikaans: *Namakwa-klipmuis* **Englisch:** *Namaqua rock mouse* **Französisch:** *Rat des rochers du Namaqua*

Kennzeichen Schwanz länger als Körper (mit Kopf), aber innerhalb des großen Verbreitungsgebiets Variationen möglich. Auch Farbe unterschiedlich, aber meist oben rotbraun oder gelblichbraun, und alle Schattierungen dazwischen, oft schwarz gestrichelt. Unten weiß oder grauweiß. Fußoberseiten können weiß, grauweiß oder gelbbraun sein.
Ähnlich Grant-Felsenmaus: Fell grauer, Schwanz und Körper gleich lang; kommt im Süden Südafrikas vor. Rote Felsenmaus: meist größer, sonst sehr ähnlich, lebt auch in anderen Habitaten, nicht nur in Felsen. Nacktsohlenrennmäuse: nur auf sandigen Böden, nie in Felsen.
Lebensraum Auf felsige Gebiete beschränkt, nur in der Kalahari und im Südosten des Verbreitungsgebiets auch in locker bewaldeten Gebieten.
Verhalten Nachtaktiv, lebt meist am Boden, kann aber gut klettern. Lebt in einer kleinen Kolonie in Gemeinschaftsunterschlupfen, deren Eingang Haufen von trockenem Gras und anderem Pflanzenmaterial aufweist. Diese „Nester" sind oft in waagrechten Felsspalten angelegt und manchmal auch in Bäumen. Gräbt auch Erdlöcher unter Büschen oder kann in einen Zweigbau der Karoo-Lamellenzahnratten einziehen. In heißen, trockenen Gebieten hält sie einen Sommerschlaf um Wasser und Energie zu sparen.
Nahrung Körner von Gräsern und anderen Pflanzen, auch grünes Material; manchmal Insekten.
Fortpflanzung 1–7 (meist 3–5) Junge, Geburtsgewicht durchschnittlich 2.5 g; sie saugen sich in den ersten 21 Tagen an den Zitzen fest und werden überallhin von der Mutter mitgezerrt. Weibchen hat 1 Paar thorakale, 2 Paar inguinale Zitzen.
Lebensdauer Keine Aufzeichnungen, vermutlich < 2 Jahre.
Laute Typisches Mausquietschen, auch tiefes Zwitschern.
Vorkommen Sehr häufig.

Maße
Gewicht: 33–58 g (Durchschnitt: 50 g)
Gesamtlänge: 18–34 cm (Durchschnitt: 26 cm)
Schwanzlänge: 10–19 cm (Durchschnitt: 15 cm)

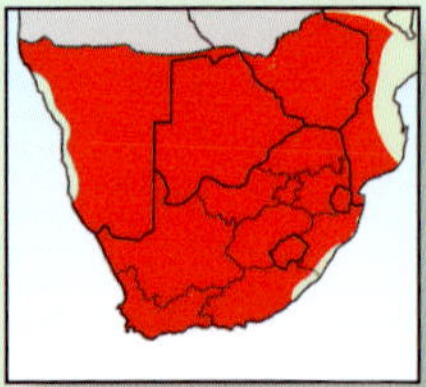

AKAZIENRATTE — *Thallomys paedulcus*
SCHWARZSCHWANZ-BAUMMAUS — *Thallomys nigricaudatus*

Afrikaans: *Akasiarot, Swartstertakasiarot* **Englisch:** *Acacia rat, black-tailed tree rat*
Französisch: *Rat des acacias, Souris arboricole à queue noire*

Kennzeichen Diese beiden Baumbewohner können vom Aussehen her nicht unterschieden werden, Unterschiede liegen auf chromosomaler Ebene. Schwanz länger als Körper, braun oder schwarz, oft heller an der Wurzel und allmählich zur Spitze hin dunkler. Oberseite meist graubraun, mit gelblicher Tönung, schwarzmeliert. Sogar innerhalb einer Population bestehen große Unterschiede. Unterseite leuchtend weiß. Dunkler Augenring von unterschiedlicher Intensität. Ohren groß, rund, hochstehend.
Ähnlich Im Verbreitungsgebiet lebt kein anderes ähnliches, in Bäumen lebendes Nagetier.
Lebensraum Baumsavannen, besonders in Gebieten, wo Akazien dominieren, vor allem der Kameldorn (*Acacia erioloba*). Oft in der Nähe von Flussläufen, wo diese Bäume besonders gern wachsen.
Verhalten Nachtaktiv, lebt ausschließlich auf Bäumen, in Baumlöchern oder auch Nestern größerer Vögel. Nestmaterial hängt oft aus dem Baumloch heraus. Jedes Nest wird von einem Paar und dessen Jungen bewohnt, aber auch etliche Erwachsene können das Nest teilen. Verlässt das Nest nach Sonnenuntergang und bewegt sich durch die Kronen von Baum zu Baum. Kommt in vielen Parklagern vor und beobachtet Menschen neugierig.
Nahrung Grüne Blätter, grüne Zweige, frische Samen und Schoten, auch Insekten. Bringt oft grüne Zweige zum Nest.
Fortpflanzung 2–5 Junge, Geburtsgewicht ca. 2.5 g, werden meist im Sommer geboren (August-April).
Lebensdauer Ein Tier lebte in Gefangenschaft 3 Jahre 6 Monate.
Laute Zwitschern, wenn sie sich treffen.
Vorkommen Im Norden der Region weit verbreitet, dringt im Westen entlang bewaldeter Flussläufe in die Namibwüste vor.

Maße
Gewicht: 64–110 g
(Durchschnitt: 100 g)
Gesamtlänge: 24–35 cm
(Durchschnitt: 30 cm)
Schwanzlänge: 17 cm

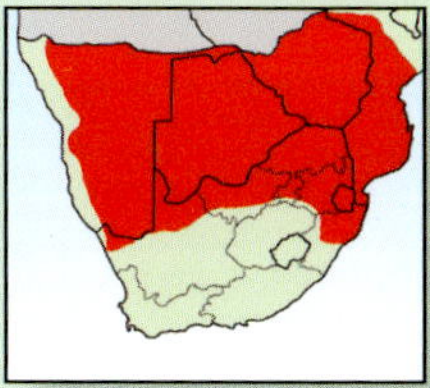

WALDMÄUSE

Grammomys spp.

Afrikaans: *Woudmuise* **Englisch:** *Thicket rats* **Französisch:** *Souris des bois*

Kennzeichen Drei Waldmausarten kommen in der Region vor: Waldmaus, Mosambik-Waldmaus und Macmillan-W. Alle sehr ähnlich und schwer zu unterscheiden. Kennzeichnend ist der dünne, sehr lange Schwanz. Oberseite rotbraun mit grauer Tönung oder graubraun, Unterseite leuchtend weiß. Ohren groß und hochstehend. Mosambik-W. hat manchmal einen weißen Fleck an der Ohrbasis.
Ähnlich Schwarzschwanz-Baummaus und Akazienratte: viel größer, Schwanz teilweise schwarz; auch in Bäumen.
Lebensraum Wald und dichte Baumsavanne; die am weitesten verbreitete Waldmaus auch in offeneren Baumsavannen und in großen Schilfbeständen.
Verhalten Nachtaktiv. Lebt in Bäumen, baut Nester aus Gras und anderem dünnen Pflanzenmaterial in bis zu 2 m Höhe. Gebraucht auch Baumlöcher und Webervögelnester. Laut Angaben teilen mehrere Erwachsene und ihr Nachwuchs ein Nest. Nester, die die Autoren untersuchten, waren nur von einem Weibchen und dessen Jungen bewohnt. Ein Weibchen baute ein Nest in einem Rucksack und gebar darin 4 Junge.
Nahrung Saisonal und regional unterschiedlich, frisst Körner, wilde Früchte, Grünes und Rinde.
Fortpflanzung 2–5 (selten 7) Junge, Geburtsgewicht ca. 4 g, Tragezeit etwa 24 Tage. Junge hängen bis zu 26 Tage lang fest an den Zitzen. Geburten vermutlich ganzjährig, in manchen Gebieten im Sommer gehäuft.
Lebensdauer Ein Tier lebte in Gefangenschaft länger als 4 Jahre 5 Monate.
Laute Keine bekannt.
Vorkommen Auf die östliche Küstenebene beschränkt. Krüger, iSimangaliso, Ndumo, Thembe, uMkhuze, Greater Addo (Südafrika).

Maße
Gewicht: 24–52 g (Durchschnitt: 30 g)
Gesamtlänge: 20–30 cm (Durchschnitt: 27 cm)
Schwanzlänge: 14–20 cm (Durchschnitt: 17 cm)

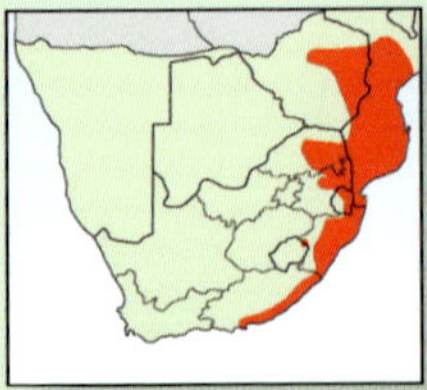

VIERSTREIFENGRASMAUS *Rhabdomys pumilio*

Afrikaans: *Streepmuis* **Englisch:** *Four-striped grass mouse* **Französisch:** *Rat à quatre raies*

Kennzeichen Vier deutliche Längsstreifen am Rücken. Körper oben dunkel rostbraun bis zu grauweiß, unten weiß oder hellgraubraun. Dunklere Tiere kommen in feuchteren Gebieten vor, hellere in trockenen. Schnauze und Ohren hinten oft rostbraun oder gelblichbraun.
Ähnlich Einzelstreifengrasmaus: nur ein schwarzer Längsstreifen auf dem Rücken.
Lebensraum Von Wüstenrändern bis zu niederschlagsreichen bergigen Gebieten, Gras muss vorhanden sein. Bis zu 2 700 m Höhe.
Verhalten Tagaktiv, im Sommer manchmal auch in der Nacht. Gräbt einen Bau mit gut verstecktem Eingang, von dem Pfade ausstrahlen. In manchen Gebieten bewohnt sie den Zweigbau der Karoo-Lamellenzahnratte (*Otomys unisulcatus*) und nicht selten menschliche Behausungen. Konstruiert Kuppelnester in dichten Grasbüscheln und in Termitenhügeln. Es gibt Beweise, dass Weibchen reviertreu werden und ihre Jungen verteidigen.
Nahrung Körner und andere Pflanzenteile; Insekten, je nach Saison.
Fortpflanzung 2–9 (gewöhnlich 5–6) Junge, Geburtsgewicht durchschnittlich 2.5 g, Tragezeit etwa 23–25 Tage. 2–5 Würfe pro Saison sind durchaus normal. Weibchen können zu jeder Jahreszeit trächtig sein, die meisten Geburten finden in den Sommermonaten statt (September-April). Weibchen hat 2 thorakale und 2 inguinale Zitzenpaare.
Lebensdauer Ein Tier lebte in Gefangenschaft 2 Jahre 11 Monate; wildlebend bis zu 2 Jahren, durchschnittlich 15 Monate.
Laute Typisch mausartiges Quietschen und Zwitschern.
Vorkommen Sehr weit verbreitet und häufig. Kommt aber in großen Teilen von Nordzentralbotsuana, Süd- und Nordsimbabwe und Mosambik nicht vor. Kommt in Südafrika und Namibia fast überall vor, auch in allen Schutzgebieten im Verbreitungsgebiet.

Maße
Gewicht: 30–85 g
(Durchschnitt: 40 g)
Gesamtlänge: 18–21 cm
Schwanzlänge: 8–11 cm

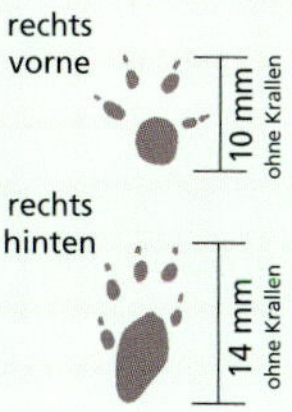

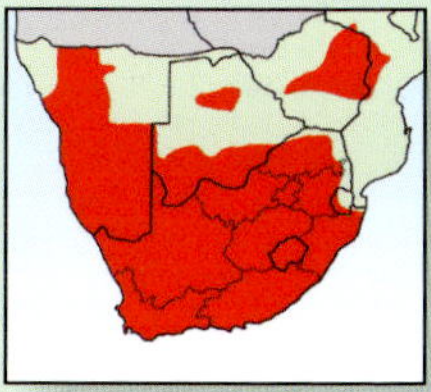

AFRIKANISCHE ZWERGMAUS *Mus minutoides*

Afrikaans: *Dwergmuis* **Englisch:** *Pygmy mouse* **Französisch:** *Souris pygmée d'Afrique*

Kennzeichen Die häufigste der 6 Zwergmausarten. Sehr klein, zart, Schwanz kürzer als Körper (mit Kopf). Ziemlich abstehende, runde Ohren, manchmal mit einem weißen Fleck am Ansatz. Körper oben hell rotbraun bis zu dunkel rostbraun, schwarz gestrichelt. Unterseite und Füße oben weiß.

Ähnlich Alle 6 Zwergmausarten schwer zu unterscheiden. Setzer-Z. und Graubauchzwergmaus kommen nur ganz beschränkt im Norden vor. Wüstenzwergmaus nur in Ostnamibia und Botsuana, keine Überschneidung. Neave-Z. kommt im Nordosten auch vor.

Lebensraum Vom Fynbos bis zu Gras- und Baumsavanne; von Meeresspiegel bis zu 2 400 m.

Verhalten Nachtaktiv, lebt am Boden, einzeln, in Paaren, oder Weibchen mit Jungen, aber nicht gesellig. In weichen Böden gräbt sie Baue selbst, verwendet aber auch von anderen Tierarten gegrabene Löcher und Unterschlupfe unter Vegetation oder Felsen. Kommt oft zusammen mit größeren Nagetieren vor und verwendet deren Pfade.

Nahrung Körner, Grassamen, grüne Pflanzen, auch Insekten.

Fortpflanzung 1–7 (meist 4) Junge, Geburtsgewicht < 1 g, Tragezeit 19 Tage. Geburten wahrscheinlich ganzjährig mit saisonaler Häufung. Männchen bleibt mit Weibchen und Jungen im Nest, beide Eltern verteidigen es. Weibchen hat 2 Paar thorakale, 1 Paar abdominale und 2 Paar inguinale Zitzenpaare.

Lebensdauer Ein Tier lebte in Gefangenschaft etwas über 3 Jahre; freilebend sicher kürzer.

Laute Leises Zwitschern.

Vorkommen Augrabies, West Coast, Namaqua, Tankwa, Agulhas, Karoo, Mokala, Garden Route, Greater Addo, Camdeboo, Mountain Zebra, Willem Pretorius, Golden Gate, Krüger, Mapungubwe, iSimangaliso, uKhahlamba, Ithala, Ndumo, uMkhuze (Südafrika).

Maße
Gewicht: 2–12 g (Durchschnitt: 6 g)
Gesamtlänge: 8–11 cm (Durchschnitt: 10 cm)
Schwanzlänge: 4–6 cm

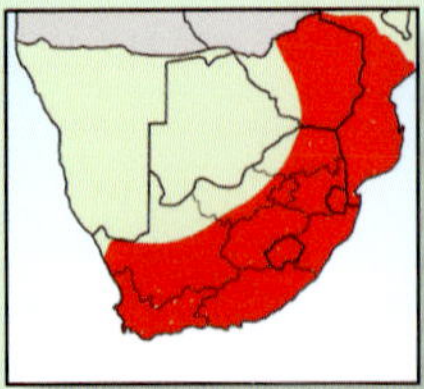

KAP-STACHELMAUS

Acomys subspinosus

Afrikaans: *Kaapse stekelmuis* **Englisch:** *Cape spiny mouse* **Französisch:** *Souris épineuse du Cap*

Kennzeichen Gut erkennbar an den spitzen, stacheligen Haaren am Rücken. Schwanz etwas kürzer als Körper, bricht leicht ab, daher gibt es viele Tiere mit verkürztem Schwanz. Oben dunkelgrau oder graurostbraun, schwarz gestrichelt oder meliert. Unten weiß, auch Fußoberseiten weiß.

Ähnlich Afrikanische Stachelmaus: ganz unterschiedliches Verbreitungsgebiet. Keine andere Art mit stacheligen Haaren kommt im selben Gebiet vor. Zwergfelsenmaus: Haare nicht stachelig, können in begrenztem Gebiet Felsspalten teilen.

Lebensraum Felsige Berghänge, Hügel und Steilabbrüche, alle innerhalb des Kap-Fynbos. Vom Meeresspiegel bis zu etwa 1200 m Höhe.

Verhalten Nachtaktiv, lebt auf dem Boden. Lebt einzeln oder in kleinen Gruppen, bestehend aus Familien oder verwandten Tieren. Unterschlupf in Felsspalten, in manchen Gebieten auch in Erdlöchern. Am westlichen Steilabbruch nur in Felsspalten, teilt diese mit Barbour-Zwergfelsenmaus, Namaqua-Felsenmaus, Brillenbilch und Kap-Klippenelefantenspitzmaus.

Nahrung Körner, Grassamen, auch grünes Pflanzenmaterial. Frisst auch ziemlich viele Insekten, einschließlich Termiten und kleinen Käfern; auch Tausendfüßler und Schnecken.

Fortpflanzung 3 Junge, Geburtsgewicht im Mittel 3.3 g, Tragezeit > 32 Tage. Junge gut entwickelt. Bei manchen Arten helfen Weibchen, indem sie Neugeborene putzen und die Nabelschnur abbeißen. Weibchen hat 2–3 Zitzenpaare.

Lebensdauer Andere *Acomys*-Arten leben in Gefangenschaft 3–5 Jahre.

Laute Quietschen, aber selten zu hören; manchmal kaum hörbares Surren.

Vorkommen Fast ausschließlich auf die Provinz Westkap in Südafrika beschränkt. Cedarberg, West Coast, Table Mountain, Agulhas, Bontebok, Garden Route (Südafrika).

Maße
Gewicht: 13–26 g
(Durchschnitt: 22 g)
Gesamtlänge: 14–19 cm
(Durchschnitt: 17 cm)
Schwanzlänge: 6.5–10 cm
(Durchschnitt: 8 cm)

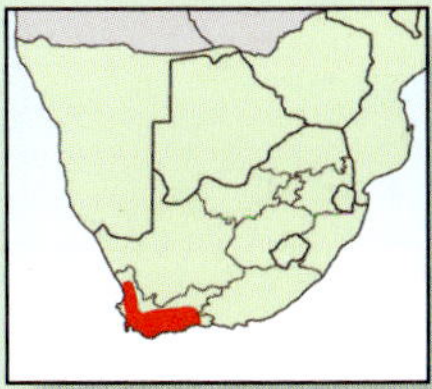

KAROO-LAMELLENZAHNRATTE *Otomys unisulcatus*

Afrikaans: *Boskaroorot* **Englisch:** *Bush Karoo rat* **Französisch:** *Rat du Karoo*

Kennzeichen Stämmig, mit kurzem Schwanz; Ohren genauso breit wie lang, oben abgerundet; stumpfes Maul. Im Aussehen einem Meerschweinchen mit Schwanz ähnlich. Farbe unterschiedlich, verschiedene Schattierungen von Graubraun, mit schwarzen Haaren durchsetzt. Schwanz unten heller als oben. Kann um Schnauze, Augen und Ohren eher rötlich sein.
Ähnlich Andere Arten der Gattung *Otomys* kommen nicht im selben Lebensraum vor. Teilt ein großes Gebiet mit 2 Pfeifratten (Genus *Parotomys*): diese leben aber in Erdlöchern, keinen Zweignestern, und äußern ihren charakteristischen Pfiff.
Lebensraum In trockenen und halbtrockenen Gebieten; bevorzugt als Bodendeckung niedrige Karoobüsche und lockeres Dickicht. Oft in felsigem Terrain, aber nicht im Bergland.
Verhalten Ausschließlich tagaktiv. Einziges Nagetier, das große Nester aus Zweigen baut (bis zu 2.3 m im Durchmesser, 70 cm hoch), Knochen, Schafwolle und Tierkot werden mit eingebaut. An der Westküste deckt sie das Gewölbe oben mit Muschelschalen ab. Baue meist in dornigen Büschen oder zwischen Felsen, werden von 1–11 Tieren bewohnt. Pfade verbinden Baue und führen zu Fressplätzen. Baue haben auch „Terrassen" zum Sonnen, Fressen und Defäkieren.
Nahrung Grünes Pflanzenmaterial, einige Blüten und wilde Früchte.
Fortpflanzung 2–5 (meist 2–3) Junge, Geburtsgewicht 10–14 g, Tragezeit ca. 30 Tage. Geburten ganzjährig. Weibchen hat 2 inguinale Zitzenpaare.
Lebensdauer Für diese Art nicht bekannt, andere *Otomys*-Arten < 2 Jahre.
Laute Bei Gefahr wird Schwanz schnell hin und her bewegt, dies verursacht einen Zischlaut; Quietschen.
Vorkommen Auf den Süden der Region beschränkt, nur innerhalb Südafrikas. Namaqua, West Coast, Karoo, Mountain Zebra, Greater Addo.

Maße
Gewicht: 78–176 g
(Durchschnitt: 125 g)
Gesamtlänge: 17–29 cm
(Durchschnitt: 24 cm)
Schwanzlänge: 7–11 cm
(Durchschnitt: 9 cm)

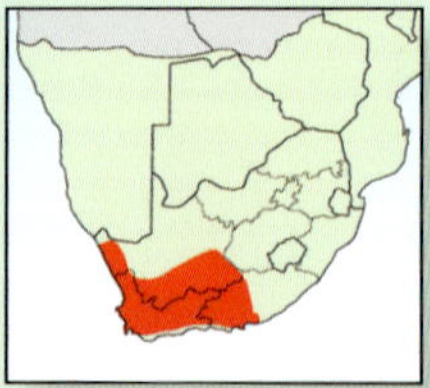

AFRIKANISCHER WALDBILCH

Graphiurus murinus

Afrikaans: *Boswaaierstertmuis* **Englisch:** *Woodland dormouse* **Französisch:** *Graphiure des bois*

Kennzeichen Hörnchenähnliches Nagetier mit buschigem Schwanz und runden, abstehenden Ohren. Oberseite einförmig grau oder grau mit brauner Tönung; Schwanz grau, oft oben etwas dunkler und bräunlich. Unterseite weiß oder grauweiß, oft an der Brust rostrot getönt. Hände und Füße oben weiß. Lippen und Flecken an den Wangen weiß oder hellgrau.
Ähnlich Kleiner als alle Hörnchen. Brillenbilch: größer, deutliche schwarzweiße Zeichnung im Gesicht, mehr Weiß am Schwanz. Felsenbilch: weiße Schwanzspitze, Zeichnung im Gesicht weniger deutlich. Savannenbilch kann vom Aussehen her nicht vom Waldbilch unterschieden werden. Brillen- und Felsenbilch leben in Felsspalten.
Lebensraum Baumsavannen und Buschdickicht, auch in Gebäuden. Vom Meeresspiegel bis zu 2 700 m Höhe.
Verhalten Nachtaktiv. Hauptsächlich in Bäumen, gelegentlich auf Nahrungssuche am Boden. Etliche Tiere teilen ein Nest, Nahrungssuche erfolgt einzeln. Baut große Nester aus Gras, Blättern und Flechten, in Baumlöchern oder Gebäuden; besetzt auch Webervogelnester. Scheint zumindest Teil des Winters im Winterschlaf zu verbringen.
Nahrung Körner und Insekten, unterschiedlich je nach Saison oder Standort. Frisst auch Geckos, Vogelküken und kleine nistende Vögel.
Fortpflanzung 2–4 Junge, Geburtsgewicht ca. 3.5 g, Tragezeit etwa 24 Tage. Geburten meist in den Sommermonaten, aber auch ganzjährig. Weibchen hat 4 Zitzenpaare.
Lebensdauer Ein Tier lebte in Gefangenschaft 5 Jahre 9 Monate.
Laute Zwitschern; schriller Schrei im Konflikt mit anderen Tieren.
Vorkommen Etosha, Waterberg, Khaudom, Caprivi (Namibia); Okavango, Moremi, Chobe, Central Kalahari (Botsuana); Mana Pools, Hwange, Gonarezhou (Simbabwe); alle im Osten Südafrikas, auch Greater Addo, Garden Route, Agulhas im Süden.

Maße
Gewicht: 30 g
Gesamtlänge: 16 cm
Schwanzlänge: 7 cm

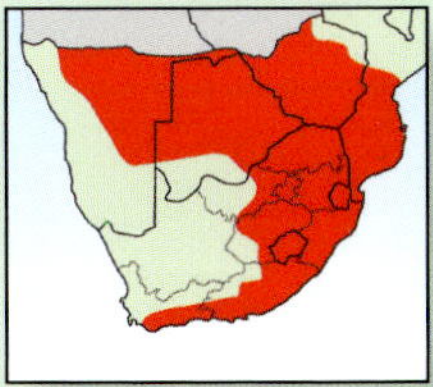

BRILLENBILCH

Graphiurus ocularis

Afrikaans: *Gemsbokmuis* **Englisch:** *Spectacled dormouse* **Französisch:** *Graphiure à lunettes*

Kennzeichen Größter der 4 Bilche der Region, kennzeichnender buschiger Schwanz und einzigartiges schwarzweißes Muster im Gesicht. Muster besteht aus dunklen Augenringen (die Brille) und dunklen Streifen vom Maul seitlich zu den Schultern. Oben silbriggrau meliert, unten heller, manchmal weiß; Wangen, Kehle und Fußoberseiten weiß. Schwanz hat gewöhnlich eine weiße Spitze.
Ähnlich Die anderen Bilche sind viel kleiner und haben kein Gesichtsmuster. Verbreitung überschneidet sich im Südosten nur am Rande mit dem Waldbilch. Außer dem Südafrikanischen Erdhörnchen kommt kein Hörnchen in seinem Verbreitungsgebiet vor, und dieses ist viel größer.
Lebensraum Felsige, bergige Gebiete.
Verhalten Nachtaktiv, lebt hauptsächlich am Boden, klettert aber auf Bäume und Büsche, sehr agil, besonders auf Felswänden. Wohngebiet zwischen 1 und 3.8 ha, Weibchen und Männchen verteidigen ein Revier, einzeln oder als Paar. Auch in Gefangenschaft sind Tiere, die sich fremd sind, aggressiv und greifen einander an. Es ist nicht klar, ob sie in einen Winterschlaf fallen, anscheinend verbleiben sie etwa einen Monat in einer Starre, wenn wenig Nahrung vorhanden ist.
Nahrung Insekten, Tausendfüßler, Spinnen, Schnecken, Skorpione; auch Wirbeltiere: kleine Vögel, Eidechsen und Frösche.
Fortpflanzung Unter optimalen Bedingungen werden 4–6 Junge alle 6–8 Wochen geboren, sonst alle 6 Monate. Geburten im Frühjahr und Sommer aufgezeichnet.
Lebensdauer Ein Tier lebte in Gefangenschaft 6 Jahre; wildlebend mindestens 4 Jahre.
Laute Kräftiges Knurren, wenn bedroht.
Vorkommen Ziemlich häufig. Cedarberg, Namaqua, Karoo, Camdeboo, Mountain Zebra, Greater Addo (Südafrika).

Maße
Gewicht: 80 g
Gesamtlänge: 22–25 cm
Schwanzlänge: 10 cm

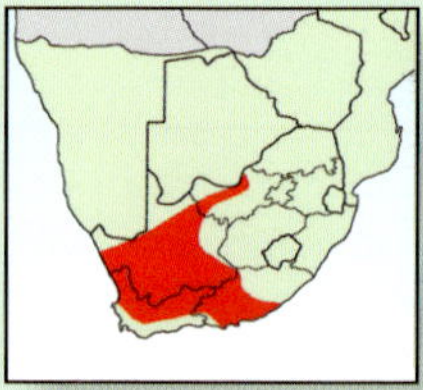

BUSCHHÖRNCHEN

Paraxerus cepapi

Afrikaans: *Boomeekhoring* **Englisch:** *Tree squirrel* **Französisch:** *Écureuil des bois*

Kennzeichen Klein, typisches Hörnchen mit buschigem Schwanz, keine Zeichnung. Fell sandfarben, grau oder gelbbraun meliert, unten heller oder sogar weiß, Flanken oft kräftiger gelbbraun. Tiere im Westen meist grau, im Osten vorherrschend braun. Melanismus (Schwarzfärbung) kommt in einem Gebiet um den Mutirikwe See in Simbabwe vor.

Ähnlich Kongo-Streifenhörnchen (*Funisciurus congicus*): im Nordwesten Namibias, klein, weißer Streifen an den Seiten. Sonnenhörnchen (*Heliosciurus mutabilis*): im Nordosten (Mosambik), größer, eine Reihe schmaler, weißer Ringe am Schwanz. Rotschwanzhörnchen (*Paraxerus palliatus*): graumeliert, Unterseite und Schwanz rötlich oder gelblich.

Lebensraum In Baumsavannen, nicht in echten Wäldern.

Verhalten Tagaktiv, sucht Nahrung in Bäumen und am Boden. Einzeln, oder Mutter mit Jungen, etliche Tiere leben in lockerer Nachbarschaft. Ein oder mehrere Männchen in der Gruppe verteidigen Revier gegen Eindringlinge. Gruppen haben ein Revier von etwa 2–4 ha, es wird mit Speichel („Mundabwischen"), Urin und Analdrüsensekret markiert. In der Gruppe herrscht deutliche Rangordnung, ein dominantes Männchen steht an der Spitze.

Nahrung Blätter, Früchte, Blüten, Körner und Baumrinde, auch Insekten.

Fortpflanzung 1–3 (durchschnittlich 2) Junge, Geburtsgewicht ca. 10 g, Tragezeit etwa 55 Tage. Junge werden in einem mit Blättern ausgelegten Baumloch geboren, meist im Sommer. Weibchen hat 1 thorakales, 1 abdominales und 1 inguinales Zitzenpaar.

Lebensdauer Fast gleichgroße *Funisciurus*-Arten haben in Gefangenschaft 5–9 Jahre gelebt.

Laute Raues Schimpfen, begleitet mit Schwanzbewegung; vogelähnliches „tscheck-tschik-tschik"; hohes Pfeifen.

Vorkommen In allen Schutzgebieten innerhalb der Savannenzone.

Maße
Gewicht: 100–260 g
Gesamtlänge: 29–36 cm
Schwanzlänge: 15–18 cm

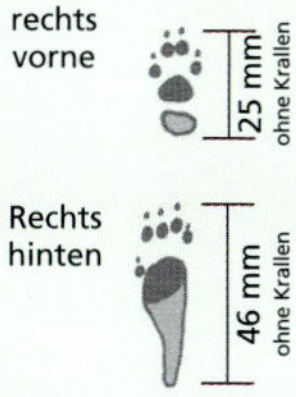

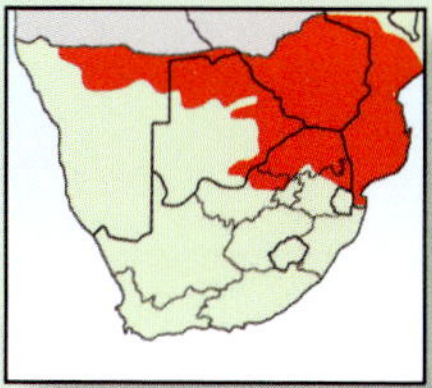

SÜDAFRIKANISCHES ERDHÖRNCHEN *Xerus inauris*

Afrikaans: *Grondeekhoring* **Englisch:** *Southern African ground squirrel* **Französisch:** *Écureuil foisseur*

Kennzeichen Gänzlich am und im Boden lebend, aber doch typisch hörnchenähnlich. Sehr kleine Ohren, ziemlich große Augen mit weißem Rand. Oberseite meist zimtbraun, manche Tiere mehr graubraun, oder graumeliert. Einzelner weißer Streifen an beiden Seiten von Schulter bis Hüfte Unterseite grau oder grauweiß, am Bauch heller braun. Langer, buschiger Schwanz ist schwarzweiß meliert. Weiße Schneidezähne.

Ähnlich Kaokoveld-Erdhörnchen (*X. princeps*): am Rand der Namibwüste, wo beide vorkommen, hat orangefarbene Schneidezähne (einziger deutlicher Unterschied) und lebt alleine.

Lebensraum Offene, trockene Gebiete mit spärlichem Pflanzenwuchs und hartem Boden, auch sandige Gebiete.

Verhalten Tagaktiv, im und am Boden, gräbt viel. Gesellig, lebt in Gruppen von 5–30 Tieren. Gräbt weitläufige Bausysteme. Weibchen und Junge bleiben immer in der Nähe des Baus; Männchen leben in einem getrennten System und wechseln von Kolonie zu Kolonie. Steht oft auf den Hinterbeinen, um besser Ausschau zu halten. Buschiger Schwanz wird als Sonnenschutz über Kopf und Körper gehalten.

Nahrung Gras, Wurzeln, Körner und Zwiebeln; Insekten, vor allem Termiten.

Fortpflanzung 1–3 nackte, hilflose Junge, Geburtsgewicht ca. 20 g, Tragezeit etwa 45 Tage. Verlassen den Baue zum ersten Mal mit 6 Wochen. Geburten ganzjährig, Weibchen können bis zu 3 Würfen im Jahr haben. Weibchen hat 2 inguinale Zitzenpaare.

Lebensdauer Vermutlich 3–5 Jahre.

Laute Hoher Warnpfiff, vor allem wenn Raubvögel gesehen werden; knurren und schwatzen miteinander.

Vorkommen Etosha, Namib-Naukluft, Fish River (Namibia); Central Kalahari, Nxai Pan, Makgadikgadi (Botsuana); Augrabies, Kgalagadi, Pilanesberg, Camdeboo (Südafrika).

Maße
Gewicht: 500 g–1 kg
(Durchschnitt: 650 g)
Gesamtlänge: 40–50 cm
Schwanzlänge: 19–25 cm

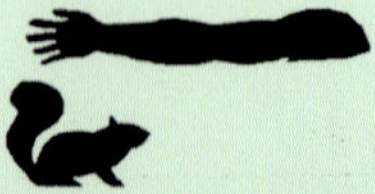

rechts vorne

rechts hinten

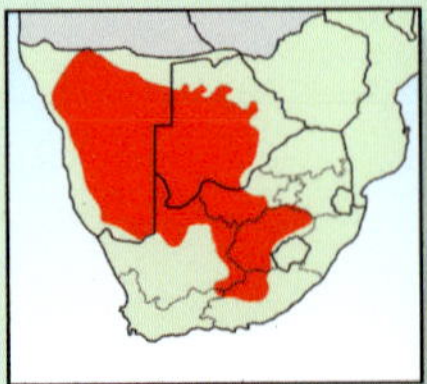

BUSCHHASE

Lepus saxatilis

Afrikaans: *Kolhaas* **Englisch:** *Scrub hare* **Französisch:** *Lièvre des buissons*

Kennzeichen Typisches Hasenaussehen; sehr lange Ohren, kurzer, flauschiger, schwarzweißer Schwanz; Hinterbeine gut entwickelt und viel länger als Vorderbeine. Oben schwarzgrau meliert oder braungrau, unten rein weiß; an den Gesichtsseiten und um die Augen heller, auch gelblicher; Haare im Nacken rotbraun. Oft weißer Fleck auf der Stirn. Tiere im Südwesten sind am größten, gegen Norden und Osten werden sie kleiner. Im Osten und Nordosten wird manchmal eine andere Art anerkannt, Savannenhase (*L. victoriae*), aber kaum zu unterscheiden.
Ähnlich Kaphase: kleiner, rotbraunes Fell an den Flanken, kein weißer Stirnfleck, in offeneren Gebieten, Verbreitung überlappt weit. Rotkaninchen (Genus *Pronolagus*): Ohren kürzer, Schwanz rotbraun, in felsigen Gebieten.
Lebensraum Baumsavannen, Gebiete mit Gesträuch und Gras, auch häufig in Landbaugebieten.
Verhalten In Nacht und Dämmerung aktiv, auch tagsüber wenn kühl und bewölkt. Ruht tagsüber in flacher Mulde (Sasse). Kann in hohen Zahlen vorkommen, lebt aber einzeln, Weibchen können in der Paarungszeit von mehreren Männchen begleitet werden. Verlässt sich auf Tarnung, läuft erst in allerletzter Minute davon. An regnerischen und kalten Tagen bleibt er in Deckung.
Nahrung Gras, auch Blätter von Hartlaubsträuchern.
Fortpflanzung 1–3 gut entwickelte Junge, Geburtsgewicht durchschnittlich 115 g, Tragezeit etwa 42 Tage. Geburten ganzjährig, mit Häufung in den Sommermonaten. Weibchen hat 3 abdominale Zitzenpaare.
Lebensdauer Verwandte Hasenarten leben in Gefangenschaft 7–12 Jahre; freilebend vermutlich kürzer.
Laute Lautes Zwitschern, wahrscheinlich zur Kommunikation; knirscht mit den Zähnen; schreit sehr laut, wenn von einem Raubtier erfasst.
Vorkommen Häufig und weit verbreitet.

Maße
Gewicht: 1.5–4.5 kg
(♂ etwas größer als ♀)
Gesamtlänge: 45–65 cm
Schwanzlänge: 7–17 cm

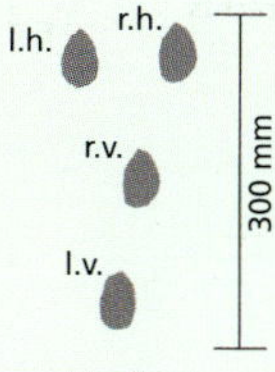

Laufspur

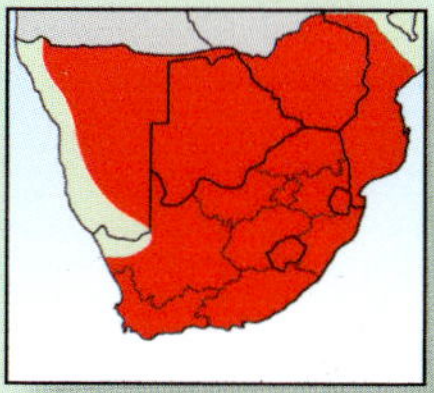

KAPHASE

Lepus capensis

Afrikaans: *Vlakhaas* **Englisch:** *Cape hare* **Französisch:** *Lièvre du Cap*

Kennzeichen Typisch Hase im Aussehen; lange Ohren, Hinterbeine viel länger als Vorderbeine; kurzer, flauschiger Schwanz oben schwarz, unten weiß. Körper meistens oben graubraun meliert, unten weiß und bräunlichrosa Fleck im Nacken; Flanken orangebraun. In der Namibwüste sind die Tiere hellgrau mit rein weißer Unterseite. Kein weißer Stirnfleck.
Ähnlich Buschhase: größer, kein Orange an den Flanken, in weniger offenen Biotopen. Rotkaninchen: Ohren kürzer, Hinterbeine kürzer, Schwanz rotbraun, in felsigen Gebieten.
Lebensraum Trockene, offene Biotope, mit kurzem Gras. Vermeidet dichtes Gestrüpp und bewaldete Gebiete.
Verhalten In der Nacht und Dämmerung aktiv, auch an kühlen, bewölkten Tagen. Ruht in einer Mulde (Sasse), in der Namibwüste gräbt er sich auch ein seichtes Loch. Bei sich nähernder Gefahr verhält er sich zuerst still, läuft spät davon, dann sehr schnell, schlägt dabei Haken. Einzeln, außer Weibchen zur Paarungszeit, dann von mehreren Männchen begleitet.
Nahrung Gras und Blätter von niedrigen Hartlaubsträuchern, letztere vor allem in der Trockensaison.
Fortpflanzung, 1–3 (durchschnittlich 2) Junge, Geburtsgewicht ca. 85 g, Tragezeit etwa 42 Tage. Weibchen kann im Jahr mehrere Würfe haben. Geburten ganzjährig, deutliche Häufung im Sommer. Weibchen hat 3 abdominale Zitzenpaare.
Lebensdauer Europäischer Feldhase lebt in Gefangenschaft > 7 Jahre; in freier Natur wahrscheinlich 3–5 Jahre.
Laute Knirscht mit den Zähnen, aber selten gehört; schriller Schrei wenn verletzt oder festgehalten.
Vorkommen Auf den Westen und das Zentrum der Region beschränkt, isolierte Populationen im östlichen Zentralbotsuana, Norden Südafrikas und in angrenzenden Gebieten in Mosambik.

Maße
Gewicht: 1.4–2.5 kg
Gesamtlänge: 45–60 cm
Schwanzlänge: 7–14 cm

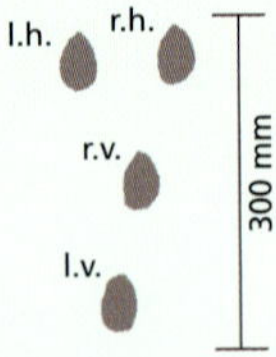

Laufspur

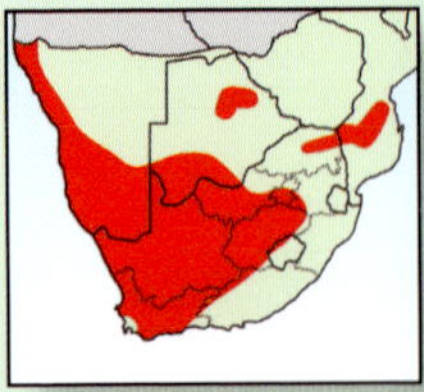

SMITH-ROTKANINCHEN

Pronolagus rupestris

Afrikaans: *Smith-rooiklipkonyn* **Englisch:** *Smith's red rock rabbit* **Französisch:** *Lapin roux des rochers de Smith*

Kennzeichen Kaninchenähnlich; lange Ohren, Hinterbeine länger als Vorderbeine; weiches, dichtes Fell. Oben graubraun meliert, an den Seiten, Beinen und Schwanz rotbraun, Unterseite heller, aber nicht weiß. Ohren grau oder graubraun; rötlicher Fleck im Nacken zwischen den Ohren.
Ähnlich 2 Hasenarten: Ohren und Hinterbeine länger, schwarzweißer Schwanz, Habitat unterschiedlich.
3 weitere Rotkaninchenarten in der Region: alle sehr ähnlich. Jameson-R. (*P. randensis*): Verbreitung überschneidet sich nicht. Natal-R. (*P. crassicaudatus*): leichte Überschneidung in der Drakensbergregion. Hewitt-R. (*P. saundersiae*): kommt im Süden Südafrikas vor, Überschneidung mit Smith-R.
Lebensraum Felsige Hügel und Berghänge mit gutem Grasbewuchs oder Gestrüpp.
Verhalten Hauptsächlich nachtaktiv, auch an bewölkten Tagen unterwegs. Ruht in einer Mulde (Sasse) oder in Felsspalten und zwischen Felsbrocken. Einzelgänger, in passendem Habitat können etliche Tiere in enger Nachbarschaft zueinander leben. Knopfförmiger Kot wird in großen Anhäufungen deponiert, die etliche Quadratmeter bedecken können.
Nahrung Gras, in den trockeneren Gebieten auch Blätter von niedrigen Büschen.
Fortpflanzung 1–2 Junge (fast nackt im Vergleich zu Hasenjungen), Geburtsgewicht 40–50 g, Tragezeit etwa 38 Tage. Weibchen macht ein Gras- und Zweignest und legt es mit ihren weichen Bauchhaaren aus. Geburten meist September-Februar. Weibchen hat 3 abdominale Zitzenpaare.
Lebensdauer Keine Aufzeichnungen.
Laute Lautes Schreien wenn berührt, gefangen oder bedroht; schreit wahrscheinlich auch während sozialer Interaktionen.
Vorkommen Im Süden der Region, vor allem innerhalb Südafrikas, auch in Südnamibia und Lesotho.

Maße
Gewicht: 1.3–2 kg
Gesamtlänge: 43–65 cm
Schwanzlänge: 5–11 cm

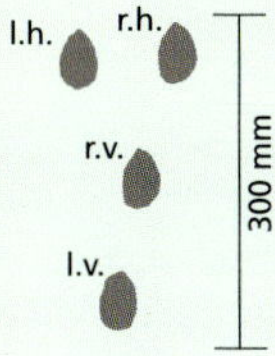

Laufspur

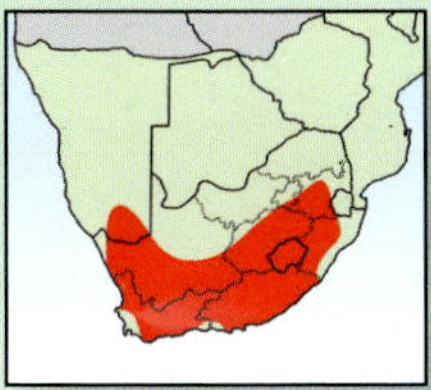

SÜDAFRIKANISCHER SEEBÄR

Arctocephalus pusillus

Afrikaans: *Kaapse pelsrob* **Englisch:** *Cape fur seal* **Französisch:** *Otarie à fourrure d'Afrique du Sud*

Kennzeichen Dunkelbraun oder goldbraun, sieht schwarz aus, wenn er nass ist. Grobes äußeres Haar des Bullen kann grauschwarz mit brauner Tönung sein; Weibchen eher braungrau. Männchen viel größer als Weibchen. Neugeborenes hat samtiges, schwarzes Fell. An Land werden die Hintergliedmaßen nach vorn gebracht, um das Körpergewicht zu stützen, Vordergliedmaßen nach außen und hinten gerichtet.
Ähnlich Keine andere Robbe ist regelmäßig in der Region anzutreffen.
Lebensraum Küstengewässer, Festlandküsten, vorgelagerte Inseln.
Verhalten Mitte Oktober kommen die Bullen an Land, um in den Brutkolonien ein Revier zu festigen. Dieses verteidigen sie gegen Rivalen. Kühe kommen etliche Wochen später an und gebären Junge. Ein territorialer Bulle (*beach master*) sammelt einen Harem von etlichen Kühen um sich, Paarung findet 5–6 Tage nach der Geburt statt. Reviere werden vor Ende Dezember aufgelöst. Jagen in Küstengewässern, aber auch hinaus bis zum Rand des Kontinentalsockels.
Nahrung Heringsfische; andere Fische, Tintenfische und Krustentiere.
Fortpflanzung Ein Junges, Geburtsgewicht 4.5–6.5 kg, Tragezeit ca. 360 Tage. Geburten spät im November bis früh im Dezember. Es gibt 25 Brutkolonien, die meisten auf vorgelagerten Inseln, eine der größten Kolonien ist auf dem Festland am Kap Cross, Namibia. Weibchen hat 2 inguinale Zitzenpaare (Milchdrüse bildet eine Platte unter der Fettschicht).
Lebensdauer Bullen leben > 20 Jahre.
Laute In den Kolonien sehr laut; Bellen, Knurren, Fauchen, Grunzen.
Vorkommen Mindestens 1.5 Millionen Seebären in den Gewässern Südafrikas und Namibias. Östlichste Kolonie in Algoa Bay (Port Elizabeth). Skeleton Coast, Namib-Naukluft (Namibia); Namaqua, West Coast, Table Mountain, Agulhas, Garden Route, Greater Addo (Südafrika).

Maße
Gewicht: 247–360 kg (Durchschnitt: 190 kg) ♀ 57–120 kg (Durchschnitt: 75 kg)
Gesamtlänge: bis zu 2.2 m ♀ 1.5–1.8 m

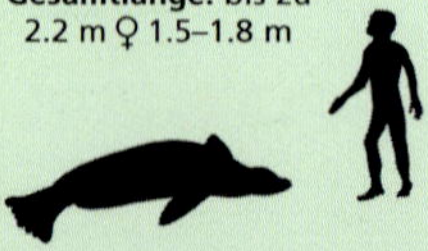

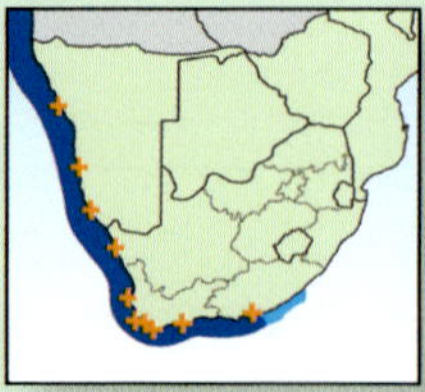

Konzentriertes Vorkommen
Verbreitungsgebiet
Brutkolonien

SÜDKAPER

Eubalaena australis

Afrikaans: *Suidkaper* **Englisch:** *Southern right whale* **Französisch:** *Balaine franche australe*

Kennzeichen Keine Rückenfinne, keine Rinnen oder Furchen am Hals. Fluke groß und zugespitzt. Kopf sehr groß, tief gebogene Kieferlinie; Kopf und Rücken auf derselben Ebene. Flipper am Ende breiter. Zahlreiche weiße Hautwucherungen am Kopf. Körper dunkel grauschwarz mit einigen weißen Flecken unten. V-förmiger Blas, auch Rücken sichtbar; beim Tauchen Fluke gut außerhalb des Wassers sichtbar. Einziger großer Wal, der von Mai bis Dezember in den Küstengewässern angetroffen wird.
Ähnlich Buckelwal (*Megaptera novaeangliae*): lange, weiße Flipper, kleine Rückenfinne weit hinten. Brydewal hat 3 Leisten oben am Kopf; Fluke und Flipper nicht sichtbar wenn er abtaucht.
Lebensraum Hochsee, an Südafrikas Süd- und Südwestküste nahe am Festland.
Verhalten Typische Herde besteht aus < 12 Tieren (meist 2–3) und stellt eine Familieneinheit dar. Wachsende Populationen werden häufig in geschützten Buchten zwischen Lambert's Bay und Algoa Bay gesichtet. In den Gewässern von Mai bis Dezember zu sehen. Tummelt sich an der Oberfläche, wobei Flipper und Fluken sichtbar sind.
Nahrung Plankton. Nur Population um St. Helena frisst während des Sommers, sonst keine Nahrungsaufnahme in der Region.
Fortpflanzung Ein Kalb, 6 m lang, Geburtsgewicht ca. 1 Tonne, Tragezeit 360–390 Tage. Geburten zwischen Mai und August. Weibchen hat 2 Milchdrüsenschlitze, einen auf jeder Seite der Genitalöffnung.
Lebensdauer Möglicherweise > 70 Jahre.
Laute Zischlaut, wenn Atemluft aus dem Blasloch gestoßen wird.
Vorkommen Einige der besten Aussichtspunkte sind Table Mountain (False Bay), Hermanus (Walker Bay), De Hoop Nature Reserve, Mossel Bay, Plettenberg Bay, Algoa Bay (Port Elizabeth; Greater Addo), Südküste, St Helena Bay, Lambert's Bay, West Coast (Südafrika).

Maße
Gewicht: 20–30 t (ausnahmsweise 60 t)
Gesamtlänge: 14–18 m

Konzentriertes Vorkommen
Verbreitungsgebiet

INDOPAZIFISCHER BUCKELDELFIN *Sousa chinensis*

Afrikaans: *Boggelrugdolfyn* **Englisch:** *Humpback dolphin* **Französisch:** *Dauphin à bosse du Pacifique*

Kennzeichen Von anderen Delfinen mit langer Schnauze durch den langen, flachen Buckel in Rückenmitte zu unterscheiden, auf dem die kleine zugespitzte Rückenfinne sitzt. Farbe meist dunkelgrau oder schwarzbraun; Unterseite grau oder fast weiß. Langsame Schwimmer, *„spy-hop"* (brechen senkrecht von unten durch Wasseroberfläche, Schnauze zuerst).

Ähnlich Buckel und Rückenfinne kennzeichnend; könnte mit den Tümmlern verwechselt werden.

Lebensraum Küstengewässer, selten tiefer als 25 m, in Flussmündungen und Lagunen. Auch über seichten Sandbänken auf Nahrungssuche.

Verhalten Gruppen aus bis zu 30 Tieren (meist 3–7), laufender Wechsel zwischen Gruppen. Fischt nahe an der Küste, selten weiter als ein paar Hundert Meter entfernt, bevorzugt seichtes Wasser. Taucht gewöhnlich kürzer als 1 Minute, aber bis zu 5 Minuten Dauer wurde gemessen. Die meisten Tiere scheinen in südafrikanischen Gewässern dauernd zu Hause zu sein.

Nahrung Kleine Fische, Tintenfische, Krustentiere.

Fortpflanzung Ein Kalb, 1 m lang, Geburtsgewicht ca. 14 kg, Tragezeit 300–360 Tage. Erst mit 2 Jahren abgestillt. Kuh kalbt zu jeder Jahreszeit, Häufungen sind möglich. Weibliches Tier hat 2 Milchdrüsenschlitze, einen auf jeder Seite der Genitalöffnung.

Lebensdauer Über 40 Jahre.

Laute Man hört wenig an der Oberfläche, nur „popp" und rülpsähnliche Laute.

Vorkommen An den Küsten des Indischen Ozeans; westlich der Gouritz Flussmündung unwahrscheinlich. Eine der größten Populationen in Algoa Bay (etwa 450 Tiere) - Greater Addo; in Plettenberg Bay oft gesehen und gut zu beobachten. Reagiert sehr empfindlich auf Störungen wie Boote. In Südafrika gelten strenge Kontrollen. Kommt auch entlang der Küste Mosambiks vor.

Maße
Gewicht: 250–285 kg
(Durchschnitt: 280 kg)
Gesamtlänge: 1.8–3 m

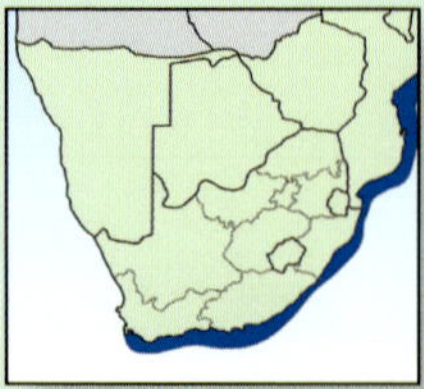

Konzentriertes Vorkommen

INDOPAZIFISCHER GROSSER TÜMMLER *Tursiops aduncus*

Afrikaans: *Indo-Pasifiese stompneusdolfyn* **Englisch:** *Indo-Pacific bottlenosed dolphin*
Französisch: *Grand dauphin de l'océan Indien*

Kennzeichen Groß, robust, mit hoher, gebogener Rückenfinne; mittellanger Schnabel mit breiter, runder Spitze. Oben einförmig dunkelgrau; unten und seitlich heller grau. Dünne helle Linie seitlich vom Auge zum Flipper ist oft undeutlich. Häufigster Delfin an der Küste des Indischen Ozeans.
Ähnlich Atlantischer großer Tümmler: häufiger Delfin entlang der Küste Südafrikas und Namibias, fast identisch zum Indopazifischen. Population des Atlantischen kann auch im tiefen Wasser im Indischen Ozean angetroffen werden, aber selten nahe an der Küste. Buckeldelfin: Buckel mit kleiner Rückenfinne und langer Schnabel. Andere Delfine haben alle typische Zeichnungen.
Lebensraum Küstengewässer, nicht tiefer als 20 m; auch in Flussmündungen und Lagunen.
Verhalten Typische Schule besteht aus 5–15 Tieren; manchmal kommen 20–50, in seltenen Fällen etliche hundert bis zu 1 000 Tiere zusammen. In Algoa Bay sieht man oft 100–200 Tiere zusammen. Auch oft mit anderen Delfinarten gemischt. Wurden dabei beobachtet, wie sie Fischschwärme zusammen an die Oberfläche oder sogar an Land treiben.
Nahrung Hauptsächlich Fische und Tintenfische vom Meeresboden, oder jagen Schwärme als Gruppe.
Fortpflanzung Ein Kalb, 1 m lang, Gewicht ca. 14 kg, Tragezeit etwa 360 Tage. Geburten ganzjährig, gehäuft von November bis Februar. Weibchen hat 2 Milchdrüsenschlitze, einen auf jeder Seite der Genitalöffnung.
Lebensdauer Etwa 43 Jahre.
Laute Sehr gesprächig, wird aber selten außerhalb des Wassers gehört.
Vorkommen In der Region entlang der gesamten Küste des Indischen Ozeans, kann überall beobachtet werden, vor allem in geschützten Buchten.

Maße
Gewicht: 120–230 kg
(Durchschnitt: 190 kg)
Gesamtlänge: 2.4 m
(maximal 2.6 m)

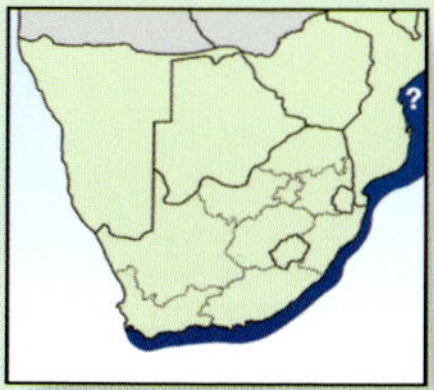

■ *Konzentriertes Vorkommen*
? *Verbreitung unsicher*

SCHWARZDELFIN

Lagenorhynchus obscurus

Afrikaans: *Donkergestreepte dolfyn* **Englisch:** *Dusky dolphin* **Französisch:** *Dauphin obscur*

Kennzeichen Kurzer Körper, schwarzer Schnabel. Oben dunkelgrau oder schwarz, Flipper und Fluke auch; Hinterkante der Rückenfinne ist hellgrau oder weiß. Unten weiß; zwischen Ober- und Unterseite an den Seiten breites hellgraues Band, in dieses dringen von oben zwei längliche schwarze Flecken ein.
Ähnlich Großer Tümmler: Schnabel länger, einheitliche Farbe. Langschnäuziger Gemeiner Delfin (*Delphinus capensis*): typisches Stundenglas-Muster an den Seiten, langer Schnabel. Heaviside-Delfin (*Cephalorhynchus heavisidii*): Schnabel kurz, klein und stämmig, Rückenfinne dreieckig mit breiter Basis, dunkel, weißes Band vom Flipper zum Schwanz, nur an der Westküste und nahe zum Land.
Lebensraum Küstengewässer bis zu 50 m Tiefe, oder auch mehr.
Verhalten Typische Schulen bestehen aus 2–20 Tieren, manchmal können Hunderte zusammen gesehen werden. Die größten Gruppen an der Westküste können bis zu 800 Tiere zählen, im Durchschnitt 35. Im Sommer bilden sich getrennte Gruppen von Kuh-Kalb-Paaren nahe der Küste. Auf Jagd taucht er bis zu 150 m. Schwimmt oft in Bugwellen von Booten und Schiffen.
Nahrung Viele verschiedene Fische und Kopffüßer, vor allem Tintenfische.
Fortpflanzung Ein Kalb, 55–91 cm lang, Gewicht 3–10 kg, Tragezeit 330–390 Tage. Geburten wahrscheinlich saisonal, Neugeborene werden hauptsächlich im Januar und Februar an Land gespült. Weibchen hat 2 Milchdrüsenschlitze, einen an jeder Seite der Genitalöffnung.
Lebensdauer Bis zu 36 Jahren.
Laute Gesprächig, aber unhörbar.
Vorkommen An Südafrikas Westküste, der gesamten Küste Namibias bis nach Angola. Häufig, aber genaue Zahlen sind nicht bekannt. Table Mountain, West Coast, Namaqua (Südafrika); Namib-Naukluft, Skeleton Coast (Namibia).

Maße
Gewicht: 49–90 kg
(maximal 115 kg)
Gesamtlänge: 1.5–2.2 m
(Durchschnitt: 2.1 m)

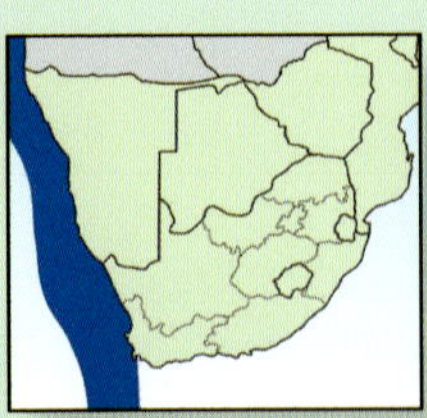

Konzentriertes Vorkommen

KOTBESTIMMUNG

Tierkot, und vor allem die Art, wie und wo er deponiert wurde, kann die Gegenwart einer bestimmten Tierart andeuten. Hier präsentieren wir eine Auswahl der am häufigsten angetroffenen Losungen.

Das Streichholz, das in einigen Fotos als Größenvergleich verwendet wird, ist 43 mm lang. Maße sind Mittelwerte und, wenn nicht ausdrücklich erwähnt, geben sie die Kotlänge an.

ELEFANT: unterschiedlich groß, oft 200 mm; fassförmig; wahllos abgesetzt.

SPITZMAULNASHORN: 100 mm; fassförmig; Kothaufen weisen oft klare Scharrspuren der Hinterbeine auf.

STEPPENZEBRA: 50 mm; nierenförmig; oft mit Rissen; verstreute Haufen.

BUSCHSCHWEIN: Bis zu 80 mm; unterschiedliche Größe und Form; längliche Knollen; normalerweise verstreut.

BREITMAULNASHORN: 150 mm; fassförmig; Bullen frequentieren Kothaufen, oft am Straßenrand.

FLUSSPFERD: 100 mm; fassförmig; im Wohngebiet verstreut. Männliche Tiere verspritzen Kot mit dem Schwanz auf Büsche und Gras.

WARZENSCHWEIN: 50 mm; nierenförmig; verstreut in kleinen Haufen.

BÜFFEL: unterschiedlich groß; einem Kuhfladen ähnlich; verstreut.

GIRAFFE: 30 mm; auf Grund der großen Fallhöhe, Kothaufen nicht so dicht wie die von Elenantilope oder Großem Kudu.

STREIFENGNU: 20 mm; verstreute Haufen. Territoriale Bullen hinterlassen große Anhäufungen.

KUHANTILOPE: 17 mm; verstreute Haufen. Territoriale Bullen hinterlassen große Anhäufungen.

SPIESSBOCK/ORYX: 18 mm; verstreute Haufen; konzentrierte Anhäufungen der Bullen; Bulle kauert beim Kotabsetzen.

IMPALA: 12–14 mm; verstreute Haufen; fortpflanzungsfähige Männchen produzieren größere Kothaufen.

GROSSER KUDU: 20 mm; verstreute Haufen; oft im Schatten konzentriert.

WEISSSCHWANZGNU: 16 mm; verstreute Haufen. Territoriale Bullen hinterlassen große Anhäufungen.

BLESSBOCK: 15 mm; verstreute Haufen. Territoriale Männchen haben oft mehrere konzentrierte Haufen.

RAPPENANTILOPE: 18 mm; Haufen wahllos verstreut.

SPRINGBOCK: 13 mm; verstreute Haufen, größere Ansammlung territorialer Böcke.

BUSCHBOCK/SCHIRRANTILOPE: 14 mm; verstreute Haufen.

KLIPPSPRINGER: Gemeinschaftshaufen gewöhnlich auf flacher Oberfläche.

STEINBÖCKCHEN: 7–10 mm; einzige Antilope, die Kot vollständig vergräbt.

DAMARADIKDIK: 7 mm; immer in Gemeinschaftskotplätzen.

KRONENDUCKER: 11 mm; konzentrierte Häufchen in lockeren Latrinen.

KLIPPSPRINGER: 10 mm; immer in gemeinschaftlichen Haufen.

BERGRIEDBOCK: 12–14 mm; verstreute Haufen im gesamten Wohngebiet.

KAP-GREISBOCK: 10 mm; Gemeinschaftskotplätze, Durchmesser bis zu 1 m.

ROTDUCKER: 9 mm; etliche Haufen in engen Gruppen.

STEPPENPAVIAN: unterschiedlich groß; verstreut; an Schlafplätzen angehäuft.

SÜDLICHE GRÜNMEERKATZE: unterschiedlich groß; im gesamten Wohngebiet verstreut.

STACHELSCHWEIN: 40–70 mm; wahllos, in Klumpen von zusammengefügten Ballen; selten in Latrinen.

SPRINGHASE: 15–20 mm; etwas abgeflacht; kleine, verstreute Haufen.

KAPHASE: 10 mm im Durchmesser; abgeflachte Kotkugeln („Knöpfe"); verstreute Haufen.

SMITH-ROTKANINCHEN: 10–15 mm im Durchmesser; abgeflachte „Knöpfe"; große Anhäufungen.

KLIPPSCHLIEFER: 10 mm; immer in großen Gemeinschaftskothaufen.

KLIPPSCHLIEFER: 10 mm im Durchmesser; in großen Kothaufen nahe dem Unterschlupf.

FELSENRATTE: 10 mm; in kleinen Haufen; auch getrocknete, weiße Harnstreifen sichtbar.

SÜDAFRIKANISCHER IGEL: < 10 mm im Durchmesser; im gesamten Wohngebiet verstreut.

KAROO-LAMELLENZAHNRATTE: 10 mm; auf Terrassen am Bau (aus Zweigen) abgelagert.

KAP-FINGEROTTER: 22–30 mm im Durchmesser; verblasst mit der Zeit; Latrine in Wassernähe.

SUMPFMANGUSTE: 20 mm im Durchmesser; immer in Latrinen, konzentriert oder auf bis zu 2m² verteilt.

WEISSSCHWANZMANGUSTE: 18 mm im Durchmesser; verstreut und in lockeren Haufen.

KLEINFLECKGINSTERKATZE: 15 mm im Durchmesser; normalerweise in kompakten Haufen, manchmal verstreut.

LÖFFELFUCHS: 18 mm im Durchmesser; oft in konzentrierten Kothaufen am Bau; auch verstreut.

FLECKENHALSOTTER: 12–15 mm im Durchmesser; Latrine immer in Wassernähe.

ZWERGICHNEUMON: 8 mm im Durchmesser; in kleinen Haufen in Baunähe.

FUCHSMANGUSTE: 12–15 mm im Durchmesser; in dichten Haufen in Baunähe.

AFRIKANISCHE ZIBETKATZE: unterschiedlich groß; immer in Latrinen – '*civetries*'

SCHABRACKENSCHAKAL: 20 mm im Durchmesser; im Wohngebiet verstreut; oft auf kleinen Büschen.

TÜPFELHYÄNE: 30–40 mm im Durchmesser; verstreut und in lockeren Ansammlungen; alter Kot weiß.

BRAUNE HYÄNE: 30–45 mm im Durchmesser; Ansammlungen dichter als die der Tüpfelhyäne.

ERDWOLF: 40–50 mm im Durchmesser; in dichten Haufen, jeder Kotballen in Bodenfurche.

AFRIKANISCHE WILDKATZE: 12–15 mm im Durchmesser; fast immer vergraben; verstreut.

KARAKAL: 20 mm im Durchmesser; wahllos im Wohngebiet verstreut.

GEPARD: 25–35 mm im Durchmesser; verstreut, aber auch an „Spielbäumen" konzentriert.

LÖWE: >40 mm im Durchmesser; verstreut, nie in Latrinen.

LEOPARD: 20–30 mm im Durchmesser; wahllos oder in lockeren Ansammlungen an Pfadkreuzungen.

FLUGHUND: flüssige Spritzer, oft an Hausmauern.

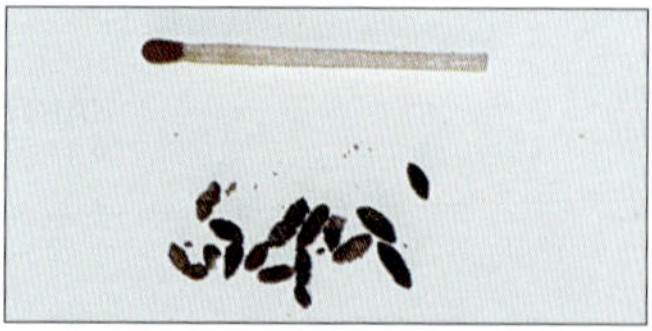

ÄGYPTISCHE BULLDOGG-FLEDERMAUS: 8 mm; verstreut und konzentriert unter Schlafplätzen.

FUSSABDRÜCKE IM VERGLEICH

HÄNDE & FÜSSE

STEPPENGALAGO

rechts hinten

RIESENGALAGO

rechts hinten

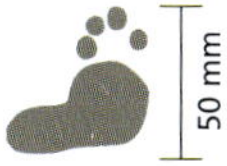

STEPPENPAVIAN

rechts vorne

rechts hinten

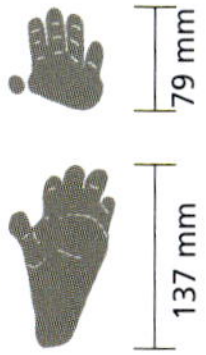

SÜDLICHE GRÜNMEERKATZE

rechts vorne

rechts hinten

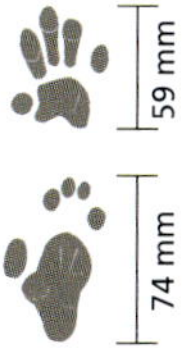

WEISSKEHLMEERKATZE

rechts vorne

rechts hinten

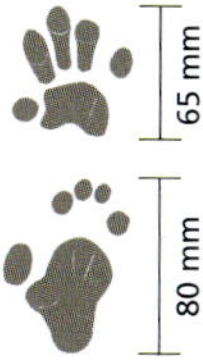

KAP-FINGEROTTER

rechts vorne

rechts hinten

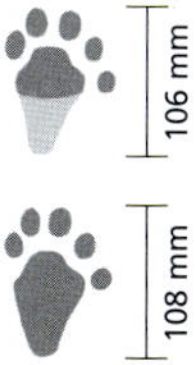

KLIPPSCHLIEFER

rechts vorne

rechts hinten

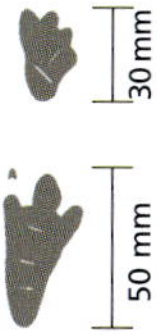

DREI ZEHEN SICHTBAR

ERDFERKEL

rechts vorne

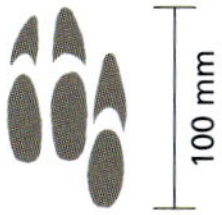

SÜDAFRIKANISCHER SPRINGHASE

links hinten

rechts hinten

GROSSE PFLANZENFRESSER

STEPPENZEBRA

rechts vorne

HARTMANN-BERGZEBRA

rechts vorne

SPITZMAULNASHORN

rechts vorne

BREITMAUL-NASHORN

rechts vorne

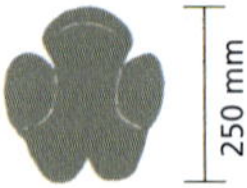

FLUSSPFERD

rechts vorne

AFRIKANISCHER ELEFANT

rechts vorne

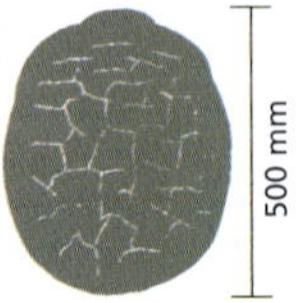

PAARHUFER

WARZENSCHWEIN

rechts vorne

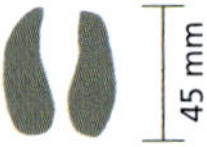

BUSCHSCHWEIN

rechts vorne

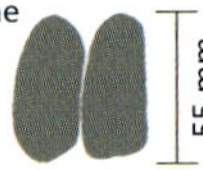

GIRAFFE

rechts vorne

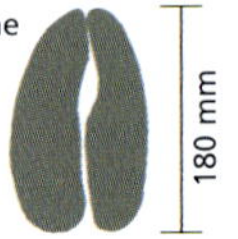

AFRIKANISCHER BÜFFEL

rechts vorne

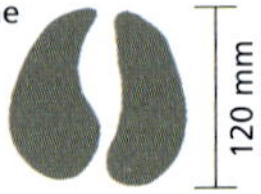

ELENANTILOPE

rechts vorne

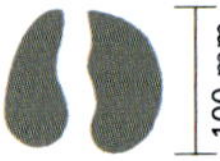

GROSSER KUDU

rechts vorne

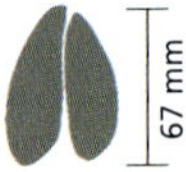

NYALA

rechts vorne

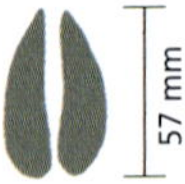

SITATUNGA / WASSERKUDU

rechts vorne

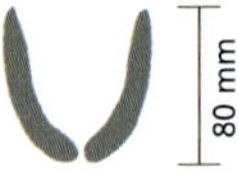

BUSCHBOCK / SCHIRRANTILOPE

rechts vorne

PFERDEANTILOPE

rechts vorne

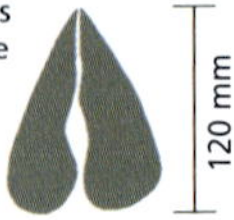

RAPPENANTILOPE

rechts vorne

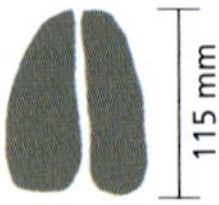

SPIESSBOCK / ORYX

rechts vorne

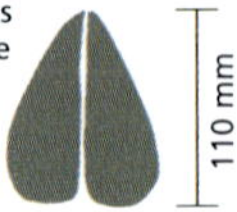

WASSERBOCK

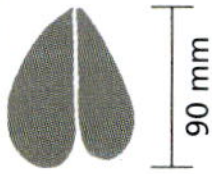

LITSCHI / MOOR-ANTILOPE

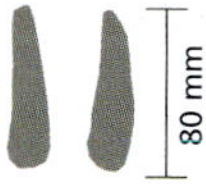

PUKU

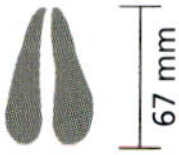

BERGRIEDBOCK

GROSSER RIEDBOCK

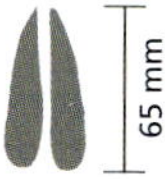

REHANTILOPE

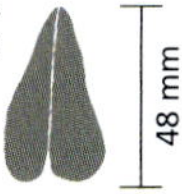

WEISSSCHWANZGNU

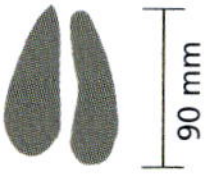

STREIFENGNU

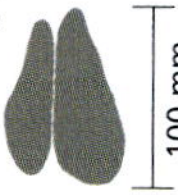

KUHANTILOPE

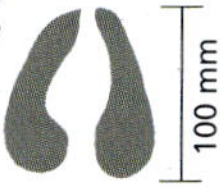

LICHTENSTEIN-KUHANTILOPE

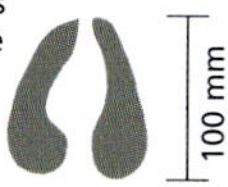

BUNTBOCK / BLESSBOCK

LEIERANTILOPE

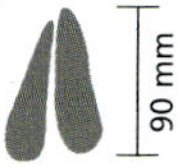

IMPALA / SCHWARZFERSENANTILOPE

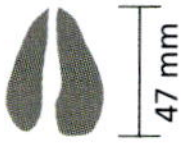

SPRINGBOCK

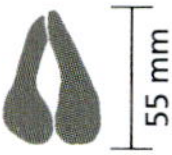

DAMARADIKDIK

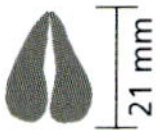

SUNI / MOSCHUS-BÖCKCHEN

KLIPPSPRINGER

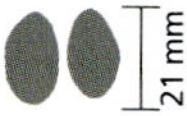

STEINBÖCKCHEN

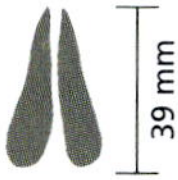

ORIBI

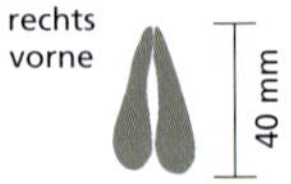

KAP-GREISBOCK

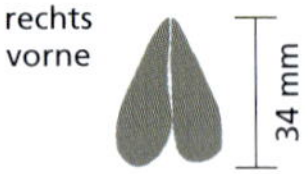

SHARPE-GREISBOCK

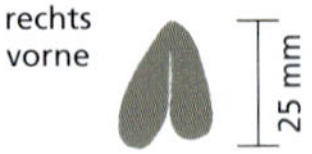

ROTDUCKER

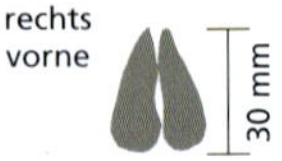

BLAUDUCKER

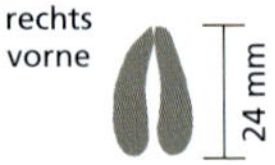

KRONENDUCKER

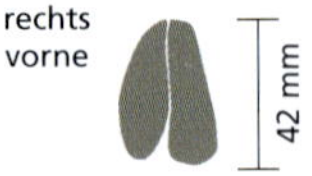

PFOTEN MIT KRALLEN

KAPFUCHS

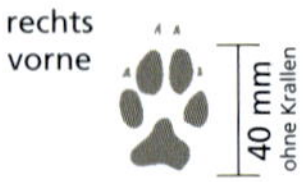

LÖFFELHUND / LÖFFELFUCHS

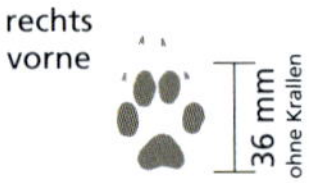

SCHABRACKEN-SCHAKAL

STREIFENSCHAKAL

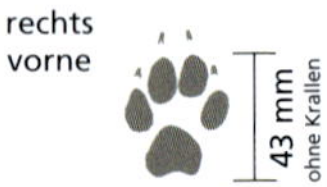

AFRIKANISCHER WILDHUND

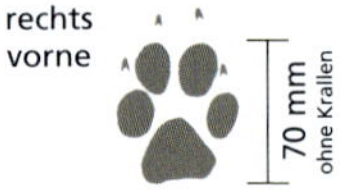

FLECKENHALSOTTER

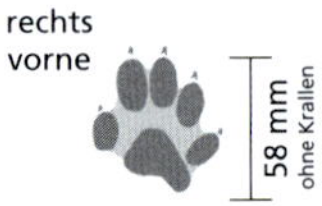

HONIGDACHS

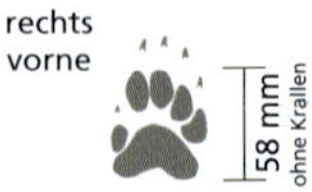

ZORILLA

ZEBRAMANGUSTE

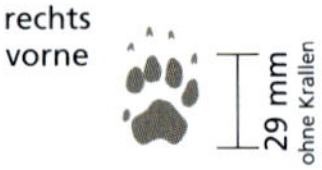

KLEINICHNEUMON / KAPMANGUSTE

SCHLANKICHNEUMON / SCHLANKMANGUSTE

WEISSSCHWANZ-MANGUSTE

ICHNEUMON

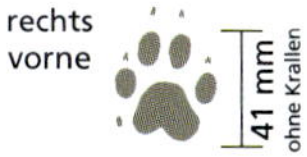

SUMPFMANGUSTE

SÜDLICHER ZWERGICHNEUMON

FUCHSMANGUSTE

SURIKATE / ERDMÄNNCHEN

AFRIKANISCHE ZIBETKATZE

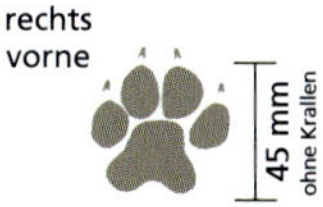

TÜPFELHYÄNE

SCHABRACKENHYÄNE / BRAUNE HYÄNE

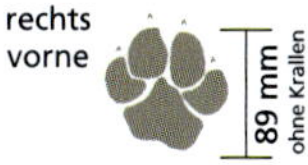

ERDWOLF

GEPARD

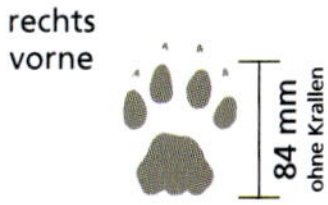

VIERZEHENRÜSSELRATTE

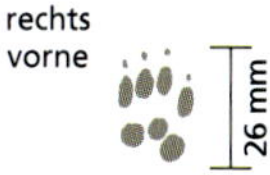

KURZOHRRÜSSEL-SPRINGER

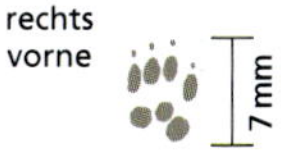

TROCKENLAND-ELEFANTENSPITZMAUS

WESTLICHE KLIPPEN-ELEFANTENSPITZMAUS

SÜDAFRIKANISCHER IGEL

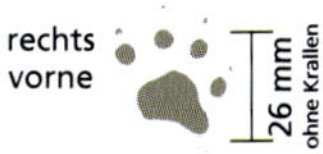

WEISSZAHN-SPITZMÄUSE

SÜDAFRIKANISCHES STACHELSCHWEIN

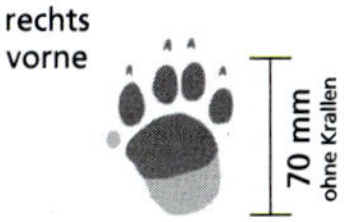

GROSSE ROHRRATTE

RIESENHAMSTER-RATTE

VIERSTREIFEN-GRASMAUS

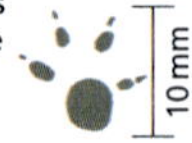

BUSCHHÖRNCHEN

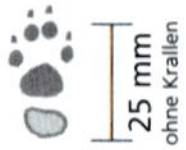

SÜDAFRIKANISCHES ERDHÖRNCHEN

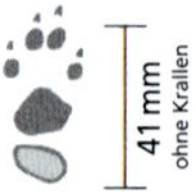

HASE

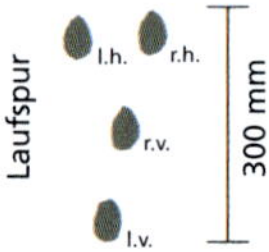

SMITH-ROTKANINCHEN

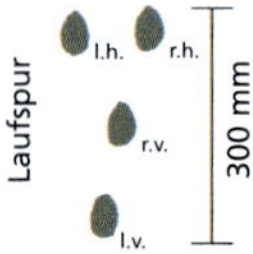

STEPPENSCHUPPENTIER

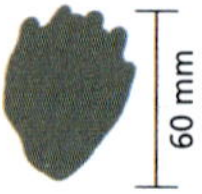

PFOTEN OHNE KRALLEN

PANTHER-GINSTERKATZE

KLEINFLECK-GINSTERKATZE

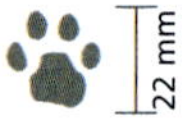

AFRIKANISCHE WILDKATZE

SCHWARZFUSSKATZE

SERVAL

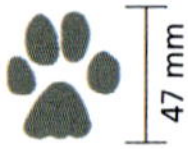

KARAKAL

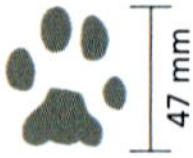

LEOPARD

LÖWE

FACHAUSDRÜCKE

Abdominal Am Bauch, zum Bauch gehörend.

Amphibisch Sowohl auf dem Land wie auch im Wasser lebend.

Analdrüse Am After gelegene Duftdrüse.

Biotop Lebensraum von einheitlicher Beschaffenheit.

Blas Die als Nebelfontäne sichtbare ausgestoßene Atemluft von Walen und Delfinen.

Blasloch Nasenloch der Wale und Delfine, oben am Kopf.

Brutherde Herde aus Muttertieren, Jungen und einem oder mehreren Männchen.

Endemisch Örtlich begrenzt auftretend.

Feuchtwiese Periodisch überschwemmte Wiese.

Finne Rückenflosse bei Walen, Delfinen und Haien.

Flipper Brustflosse der Wale und Delfine.

Fluke Schwanzflosse der Wale und Delfine.

Galeriewald Feuchtwald an Flüssen.

Genitalöffnung In den Körper versenkte Scheide (Vagina) der Wale und Delfine.

Habitat Lebensraum; für eine Tierart charakteristischer Standort.

Implantation Einpflanzung des Eies in die Gebärmutterwand.

Inguinal In der Leiste(ngegend), oder zur Leiste gehörend.

Kehlwamme Hautfalte an der Unterseite des Halses.

Kruppe Steiß eines Pferdes oder Zebras.

Latrine Stelle, an dem Kot regelmäßig abgesetzt wird.

Melanismus Dunkelfärbung der Körperoberfläche.

Milchdrüsenschlitz In den Körper versenkte Zitze der Wale und Delfine.

Monogam (sein) Nur einen Geschlechtspartner haben.

Revier Gebiet, das gegen Artgenossen verteidigt wird.

Thorakal An der Brust, zur Brust gehörend.

Tragus Ohrdeckel; häutige Struktur an der Basis der Ohröffnung.

Tragzeit Zeitraum von der Befruchtung eines Eies bis zur Geburt des Jungen.

Wechsel Von Tieren regelmäßig benutzter Pfad.

Wohngebiet Das auf Nahrungssuche und bei anderen Aktivitäten durchstreifte Gebiet.

LITERATURHINWEISE

Skinner, J.D. & Chimimba, C.T. 2005. *The Mammals of the Southern African Subregion*. Cambridge University Press, Cambridge.

Stuart, Chris & Tilde. 2001. *A Field Guide to the Tracks and Signs of Southern and East African Wildlife*. Struik Publishers, Kapstadt.

Stuart, Chris & Tilde. 2007. *Field Guide to Mammals of Southern Africa*. Struik Publishers, Kapstadt.

Stuart, Chris & Tilde. 2006. *Field Guide to the Larger Mammals of Africa*. Struik Publishers, Kapstadt.

Stuart, Chris & Tilde. 2009. *Pocket Guide Mammals of East Africa*. Random House Struik, Kapstadt.

Breitmaulnashorn

DANKSAGUNGEN

Wir möchten uns bei allen bedanken, die Fotos beigetragen haben (so wie sie unter Fotografen aufgezählt sind) und bei Galen Rathbun (California Academy of Sciences), der den Namen '*flute snoots*' für die Elefantenspitzmäuse (*Sengis*) geprägt hat. Fritz Gross und Henni Allesch danken wir für die Korrektur des deutschen Textes und Jane Hoepfl für ihre Ausdauer bei den Karoo-Lamellenzahnratten. Pippa Parker von Random House Struik sprechen wir unseren besonderen Dank aus für den Vorschlag für dieses Buch, und dem Rest des Teams: Helen de Villiers, Colette Alves, Janice Evans, Jennifer Addington und Tessa Fortuin, für die praktische Durchführung des Projekts.

LISTE DER FOTOGRAFEN:

Brett Atkins: S. 132; **Duncan Butchart:** S.11, 86; **Tony Camacho/Images of Africa:** S.74; **John Carlyon:** S.60, 104; **Mark Carwardine:** S.133; **Roger de la Harpe/Images of Africa: hintere Umschlagseite, oben; Gallo/Getty Images:** S.134; **Martin Harvey/Images of Africa:** vordere Umschlagseite; **Ian Manning:** S.27 (kleines Bild); **M.G.L. (Gus) Mills:** S.79; **Brent Moseley Naudé:** S.117; **Harald Nicolay:** S.75 (kleines Bild); **John Phielix/Images of Africa:** S.131; **Galen Rathburn:** S.92; **Alex Sliwa:** S.82; A. **Tranter:** S.102; **Lara Tranter:** S.137 (b); **Ariadne van Zandbergen/Images of Africa:** S.41; **John Visser:** S.10; **Hein von Horsten/Images of Africa:** hintere Umschlagseite, viertes Foto von oben.

REGISTER

WISSENSCHAFTLICHE NAMEN

AFRIKAANSE NAMEN

ENGLISCHE NAMEN

FRANZÖSISCHE NAMEN

DEUTSCHE NAMEN